HELLMUT PENNER/DIETMAR PLATH

# AIRBUS
## INTERNATIONAL

MOTORBUCH VERLAG STUTTGART

Einband und Schutzumschlaggestaltung: Siegfried Horn, unter Verwendung eines Dias von Dietmar Plath

ISBN 3-613-01093-3

4. Auflage 1989
Copyright © by Motorbuch Verlag, Postfach 10 37 43, 7000 Stuttgart 10.
Ein Unternehmen der Paul-Pietsch-Verlage GmbH & Co.
Sämtliche Rechte der Verarbeitung, in jeglicher Form und Technik, sind vorbehalten.
Satz und Druck: Schwabenverlag AG, 7302 Ostfildern 1.
Bindung: Spiegel-Buch-GmbH, 7900 Ulm.
Printed in Germany.

# Inhalt

# Vorwort

Seit über einem Jahrzehnt fliegt der Airbus in der ganzen Welt. Ingenieuren, Kaufleuten, Politikern und vielen anderen, die in diesen Jahren dem Airbus verbunden waren, sei an dieser Stelle gedankt.

Mit dem Airbus hat Deutschland nach langer Pause wieder den Anschluß im internationalen zivilen Flugzeugbau hergestellt und den Beweis erbracht, daß sich mit hohem industriellem Einsatz, sowohl technisch als auch wirtschaftlich, Erfolg einstellen kann.

Das Buch »Airbus International« macht in Wort und Bild den Versuch, das Airbus-Programm in seiner großen Komplexität verständlich näherzubringen und mit dazu beizutragen, die große Zahl seiner Freunde noch weiter zu erhöhen. Mit dem Airbus wurde ein Stück Europa geschaffen, wir von MBB haben dazu unseren Beitrag geleistet.

Hartmut Mehdorn
Leiter des MBB-Bereiches
Transport- und Verkehrsflugzeuge

# Geschichte der Airbus Industrie

Die Bundesrepublik Deutschland hatte gerade ihre Lufthoheit zurückerhalten, als im Jahre 1965 die ersten Gespräche zwischen deutschen, französischen und englischen Flugzeugherstellern über die Möglichkeit einer gemeinsamen Entwicklung eines Großraumflugzeugs für den Kurz- und Mittelstreckenverkehr geführt wurden.

Einerseits forderten die aufstrebenden Airlines nach einem derartigen Flugzeug, zum anderen war den Flugzeugbauern in Europa bewußt, daß nur gemeinsam ein solches Projekt durchzuführen war. Die bisherigen Passagier-Flugzeuge in Europa waren zwar technisch hervorragend, konnten aber den Durchbruch auf dem Markt nicht erzielen. Gegen die mächtig gewordene amerikanische Konkurrenz taten sich die Europäer schwer, im Flugzeugbau auch kommerziell etwas auszurichten. Die Amerikaner beherrschten im Zivilgeschäft den Markt weltweit.

Mitte der sechziger Jahre legten auch die Amerikaner ihre ersten Pläne für Großraumflugzeuge auf den Tisch. Der Bedarf der Fluggesellschaften ging auf immer größere Sitzplatzzahlen hinaus. McDonnell-Douglas und Lockheed bauten dreistrahlige Flugzeuge. Boeing schaffte als erstes Unternehmen mit der 747 eine vierstrahlige Version, die ursprünglich als Militärtransporter konzipiert war. Mit diesen Flugzeugen standen auch treibstoffsparende Turbofan-Triebwerke zur Verfügung. Erste Pläne wurden von den Firmen Hawker Siddeley, Sud Aviation (später

SNIAS und dann Aerospatiale), von VFW sowie dem Hamburger Flugzeugbau erarbeitet. Es gab zunächst auch Zweifel an der Realisierung eines so großen zweimotorigen Flugzeugs wie dem Airbus. Später war man in Europa von der Richtigkeit eines solchen Projektes überzeugt.

Die deutsche, französische und englische Regierung sowie die jeweiligen Unternehmen in diesen Ländern faßten in einem Agreement ihre Interessen zum gemeinschaftlichen Bau eines Verkehrsflugzeuges zusammen. 1967 wurde in der Bundesrepublik Deutschland die Deutsche Airbus GmbH gegründet. England erklärte sich bereit, das Rolls Royce-Triebwerk RB.207 als Antrieb für dieses Flugzeug zu finanzieren. Man errechnete, daß die Sitzplatzkosten 25 % unter den bislang gewohnten Preisen liegen würden und daß es sich schon allein aus diesem Grund lohnen müßte, das Programm A300 voranzutreiben. Noch vor Ende des Jahres 1967 gewann aber Rolls Royce die Ausschreibung für das Triebwerk der Lockheed Tristar. Zu dieser Zeit erwies sich das erste A300-Projekt als zu groß. Für das Projekt A300B (224 Sitzplätze), dem Bedarf der europäischen Gesellschaften besser angepaßt, reichte aber schon das existierende und erprobte Triebwerk von General Electric. Damit stieg die britische Regierung aus dem Airbus-Programm aus.

1968 beschlossen das deutsche und französische Unternehmen, am Programm auch ohne offizielle englische Beteiligung weiterzuarbeiten. Hawker Siddeley entschied sich, als Privatunternehmen an diesem Programm zu partizipieren. Inzwischen hatte General Electric sein CF6-Triebwerk für die Langstreckenver-

sion der DC-10 fast serienreif. Nach einem weiteren Jahr einigten sich die zwei Partner, die Deutsche Airbus GmbH stellvertretend für die deutsche Industrie und die französische SNIAS, den etwas kleineren Airbus A300B1 mit 224 Sitzen zu entwickeln und zu bauen.

Am 29. Mai 1969 wurde während der französischen Luftfahrtschau in Le Bourget das Programm offiziell gestartet. Das Abkommen wurde mit einem Entwicklungs- und Bauvolumen von je 50 % von den beiden Firmen und den Regierungen unterzeichnet. Hawker Siddely blieb als Privatunternehmen dabei. Weiterhin sollte eine Organisationsform gefunden werden, die in der Lage ist, die Arbeiten der Partner zu koordinieren und unter einem Namen weltweit für entsprechenden Absatz zu sorgen.

Am 18. Dezember 1970 wurde die Airbus Industrie mit Sitz in Toulouse gegründet. Als weiterer, dritter Partner kam die Firma CASA in Spanien dazu. Der französische Partner SNIAS änderte seinen Namen in Aerospatiale. 1971 kam noch Fokker als assoziierter Unterauftragnehmer hinzu.

Die A300B1 erwies sich aber für den Erstkunden Air France nun doch als zu klein. Aus dem 224-Sitzer wurde ein 251-Sitzer, die A 300B2. Die Air France orderte die ersten Maschinen 1971, und etwas später wurde der Startschuß für die B4-Version mit größerer Reichweite gegeben. Am 28. Oktober 1972 hob zum ersten Mal ein Airbus von der Runway des Toulouser Flughafens ab. Dieser Erstflug wurde als europäischer Triumph gefeiert. Auf der Strecke Paris–London verkehrte vom 23. Mai 1974 an unter Air France-Farben der erste Airbus fest im Flugplan. Die amerikanische Konkurrenz sagte dem Airbus-Pro-

Im Mai 1969 unterzeichneten Bundes-
wirtschaftsminister Prof. Karl Schiller
und der französische Verkehrsminister
Chamant in Paris den Airbus-Vertrag.

gramm damals keine lange Lebensdauer voraus. Der Erdölschock war
gerade überwunden, als Korean Airlines, TEA, Bavaria German Air, Indian Airlines, Lufthansa, South African Airways und Air Inter ihre ersten
Bestellungen abgaben. Die Produktion lief an. Danach kam lange
nichts. Airbus Industrie erhielt 16
Monate nicht eine einzige Order.
Niemand schien sich mehr für die
Erdölpreise, die zwar kräftig geklet-
tert waren, sich dann aber stabili-
siert hatten, zu interessieren. Erst
1977 kam die nächste Order von
Thai International Airways, und zwar
vier A 300B4. Danach begannen
Verkaufsgespräche in den USA mit
Eastern Air Lines, die schließlich
1978 zu einem Auftragsabschluß
über 34 Airbusse A300 führten. Ein
spektakulärer Verkaufserfolg. Andere Airlines zogen jetzt nach. Der
Durchbruch des Airbus war erfolgt.
Fahrwerke, Triebwerke und Ausrüstung wurden im Unterauftrag vergeben. 1977 bot Pratt & Whitney
sein JTD9-Triebwerk für den europäischen Flüsterjet an. Weitere Airlines kamen als Kunden hinzu.
1978 erfolgte der Start des
A310-Programms. Die A310, die im

April 1982 ihren Erstflug glänzend
bestand, brachte die Airbus Industrie wieder ein erhebliches Stück
voran. 1978 unterzeichnete die englische Regierung ein Abkommen,
nun doch mit der inzwischen in die
British Aerospace integrierten Firma
Hawker Siddeley als vollberechtig-
tem Partner ab Januar 1979 einzu-
steigen und teilzuhaben. Die Bestellungen stiegen zusammen mit der
neuen Airbus-Version A300-600 im
Jahre 1987 auf rund 600 Flugzeuge, einschließlich des im Jahre
1984 gestarteten A320-Programms,
dem eine große Zukunft in der

Klasse mit 150 Sitzen vorausgesagt
wird. Das Jahr 1986 war für Airbus
Industrie sehr erfolgreich. Die größten Aufträge kamen von GPA und
Northwest Orient.
In Toulouse arbeiten heute 1100
Mitarbeiter bei Airbus Industrie. Alle
am Programm beteiligten Partner
stehen mit einem Mitarbeiter-Poten-
tial von 23 000 dahinter. Die Unterlieferanten mit eingerechnet, sind
heute insgesamt in Europa 50 000
Menschen am Airbus-Programm beschäftigt.

9

# Der erste Airbus

Aus multinationalen Programmen wie dem Transall-Programm hatte auch die Bundesrepublik Deutschland Kooperationserfahrung. Die Transall, ein Transportflugzeug für zivile und militärische Zwecke, hatte eine Endmontage in Frankreich und je eine Montagelinie in Hamburg bei HFB und in Bremen damals bei VFW-Fokker.

Als im Mai 1969 die deutsche und französische Industrie die Entwicklung und den Bau eines gemeinsamen Flugzeuges vom Typ Airbus beschlossen, existierten bei den Partnerfirmen schon feste Konzepte. Mit Gründung der Airbus Industrie 1970 war auch eine Organisationsform gefunden, die in der Lage war, alle Entwicklungsarbeiten zu koordinieren. Im Gegensatz zu den heutigen computerisierten Konstruktionsabteilungen wurde zu Beginn der A300-Entwicklung noch jede Zeichnung von Hand erstellt. Franzosen und Deutsche stellten sich auf die Verhandlungssprache Englisch ein.

Mit der Festlegung der äußeren Kontur und der Abmessungen des Airbus mußte gleichzeitig auch das Problem des Transportes der Großbauteile gelöst werden, denn man hatte sich schon zu Anfang darauf geeinigt, die Endmontage in Toulouse vorzunehmen. Wie bestellt, bot sich für den Transport die Super Guppy aus den USA an.

Dort wurden für Weltraumprogramme Raketenteile in den umgebauten Spezialflugzeugen transportiert. Für die Seriengroßbauteile sollte der Transport mit diesem Flugzeugtyp erfolgen. Die Baugruppen für die beiden ersten Flugzeuge wollte man noch auf dem See- und Landweg transportieren, was sich schließlich als fast undurchführbar erwies. Großbauteile in Airbus-Dimensionen paßten zwar auf Tieflader, doch zahlreiche Engpässe wie Unterführungen von Straßen waren erhebliche Hindernisse. Der Bau der einzelnen Sektionsbaugruppen vollzog sich sehr schnell. Mitarbeiter des Airbus-Programms waren motiviert, ging es doch darum, gemeinsam an einem Flugzeug zu bauen, das für Europa und die ganze Welt völlig neuartig

war. 1971, zwei Jahre nach Programmstart, waren die einzelnen Baugruppen fertiggestellt. England lieferte den Flügel. Aus Deutschland kamen fast der ganze Rumpf und das Seitenleitwerk. Spanien fertigte das Höhenleitwerk. Frankreich war, wie auch in späteren Programmen, für Cockpit, Rumpfmittelkasten sowie für die Endmontage zuständig. Mit französischer Beweglichkeit wurden überall dort Probleme beseitigt, wo sie von anderen Partnern in der Koordination noch gesehen wurden. In Frankreich wurde der Airbus als Prestigeobjekt gesehen und auch entsprechend behandelt, weniger in England und in der Bundesrepublik. Der erste Airbus startete termingerecht am 28. Oktober 1972 zu seinem Erstflug. Internationalem Publikum gab er sein Debüt 1973 auf dem Aerosalon in Le Bourget. Damit hatte eine Idee, die sich bis heute durchgesetzt hat, Fuß gefaßt und auch die Menschen überzeugt, daß gemeinschaftliches Forschen, Entwickeln und Fertigen über Grenzen hinweg einen Sinn haben. Der Airbus wurde schließlich zu einem Symbol für gelungene europäische Zusammenarbeit.

Am 28. Oktober 1972 startete der erste Airbus termingerecht zu seinem
ersten Flug (oben).

Die Großbauteile des ersten Airbusses wurden noch auf dem Landweg
zur Endmontage in Toulouse transportiert (links).

# Aerodynamik und Flugmechanik

Was Aerodynamik ist, weiß heute fast jedes Schulkind. Dennoch gibt es Unbekanntes im Neuland der transsonischen Fliegerei, eben in dem Geschwindigkeitsbereich, in dem moderne Passagierjets heutzutage fliegen.

Der Idealfall, den Aerodynamiker bei den Flügeln der Jets anstreben, ist eine laminare, also absolut gleichförmige Strömung ohne jegliche Störungen mit Verwirbelungen und einem möglichst gleichmäßigen Strömungsverlauf und niedriger Momenteinwirkung. Von Segelflugzeugen her ist bekannt, daß Tragflächenform, Flugprofile und Oberflächengüte der Flügel laminare Strömungen fast über den gesamten Profilbereich ermöglichen. Die Flügel dieser Segler haben jedoch nur geringe Flügeltiefen und dementsprechend haben sie auch eine niedrigere Re-Zahl (Re-Zahl = Reynold-Zahl = sie ist eine Ähnlichkeitszahl für die Strömung, die abhängig von der Geschwindigkeit, der Zähigkeit der Luft und einer charakteristischen Länge [Flügeltiefe] ist. Sie ist als Relativ-Zahl für alle Flugzeuge annehmbar.).

Ganz anders ist das bei den großen Verkehrsflugzeugen. Sie haben große Re-Zahlen und da sie im hohen Unterschall-Bereich fliegen, entsteht über ihrer Profiloberseite ein Überschallanstieg bis etwa Mach 1,2. Bei herkömmlichen Profilen, wie sie bei den ersten Jets verwendet wurden, kommt es zu einer starken Stoßwelle, die zum Ablösen der Strömung führt, und was letztendlich einen sehr hohen Widerstand und zusätzliche Drehmomente (Drehkräfte) auf den Flügel bedeutet. Bei transsonischen Flügeln, wie sie die Airbusse verwenden, ist diese Stoßwelle stark abgeflacht und die dabei entstehenden Momente halten sich in niedrigen Grenzen. Die Strömung löst sich nicht ab.

Alle heutigen Airbus-Entwürfe basieren auf einer konventionellen Rumpf-Flügel-Leitwerk-Auslegung und somit auch auf konventionellen Steuerungsarten über Höhen-, Seiten- und Querruder sowie Bremsklappen, Slats und Flaps. Mit moderner Elektronik ist es möglich, die Flugzeuge, die von Natur aus stabil sind, instabil zu machen.

Die Flugmechanik hält über ein Regelsystem das Flugzeug bei veränderter Schwerpunktlage im Gleichgewicht. Entscheidenden Einfluß hat die Flugmechanik auch bei der automatischen Steuerung, sei es nun durch Aufschalten des Autopiloten oder auch bei dem Böenminderungssystem. Flugmechanik und Aerodynamik sind zwei miteinander korrespondierende Disziplinen. Ihr Zusammenspiel, das bei neuen Flugzeugtypen zu beachtlichen Leistungsgewinnen führen kann, zielt auf Verbesserung der Profile, der Flügelformgebung, der Flügelstreckung sowie auf die Leitwerksdimensionierung hin. Der Rumpf mit seiner sinnvollen runden Formgebung hat nur im Bereich des Flügelüberganges sowie im Leitwerks- und im Bugbereich einen geringeren Einfluß auf die Leistung des Flugzeugs. Die beim A310 beachtliche Gleitzahl von 18 (fliegt theoretisch aus 1000 Meter Höhe ohne Triebwerke 18 Kilometer weit), wird dank des mit höherer Flügelstreckung wesentlich verbesserten A330/A340-Flügels auf über 21 erhöht werden. Das entspricht dem Gleitzahl-Standard der Motorsegler in der Bundesrepublik.

Die Aerodynamiker der Partnerfirmen arbeiten mit zahlreichen Windkanälen in Europa zusammen. Dazu gehören der Deutsch-Niederländische Windkanal (DNW) und der NLR-Windkanal in Holland, der DFVLR-Windkanal in Göttingen, ONERA-S-1-Kanal in Frankreich, ARA und RAE-Kanal in England, der des Eidgenössischen Flugzeugwerks in Emmen und der MBB-Windkanal in Bremen.

Messungen in den Windkanälen bestätigen, daß Aerodynamik und Flugmechanik eine enge Verflechtung ihrer Systeme eingehen. Ihre Systemkontrollen werden immer komplexer. Mit Hilfe moderner Bordrechner kann sein Einsatz noch weiter optimiert und damit die Flugzeuge von morgen noch effizienter werden.

## Die ersten Konturen

Aerodynamik, Flugmechanik, Markt-
analyse und das künftige Einsatz-
spektrum bestimmen Größe und
Umrisse eines Flugzeugs. Triebwerke müssen dafür entweder neu
entwickelt oder modifiziert werden.
Auf bewährte Antriebssysteme zu-
rückzugreifen ist wenig empfehlens-
wert, weil die Entwicklung auf dem
Triebwerkssektor ebenso rasch fort-
schreitet wie die beim Zellenbau.

Bezüglich der Rumpfgestaltung
bleibt sehr wenig Spielraum. Die
richtige Wahl des Rumpfdurchmessers ist für die Sitzanordnung und
die Bequemlichkeit der Passagiere,
aber auch für die Frachtkapazität
wichtig.
Beim Flügel und bei der Anordnung
der Triebwerke sowie der Leit-
werkseinheit sind dagegen größere
Variationsmöglichkeiten gegeben.
Im Airbus-Konsortium entwickeln die
einzelnen Firmen auf eigene Kosten
neue Systeme und verbinden diese
mit Vorschlägen für ganze Baugruppen der künftigen Flugzeugtypen.

Die ersten Airbusse wurden noch am
Zeichenbrett konstruiert. Die A320
entsteht auf dem Bildschirm.

Wurde der A300 fast ausschließlich
noch von Hand konstruiert, so ist
die Konstruktion des A320 ohne
eine CAD in Verbindung mit einem
CAM kaum denkbar (CAD=Compu-
ter Aided Design/ CAM=Computer
Automated Manufacturing). Der
Schnitt durch einen Flugzeugrumpf
ist in der Regel kreisförmig. Die

13

Rümpfe sind zu Druckkabinen ausgebildet. Ihre Form kommt dieser Forderung entgegen.

Die Anordnung der Triebwerke ist unterschiedlich. Moderne Turbofan-Triebwerke positioniert man gerne unter dem Flügel in größtmöglicher Rumpf- und Schwerpunktnähe. Aber auch für das Fahrwerk verbleiben nur wenig Möglichkeiten des Einbaus.

Dies alles gilt für Flugzeuge konventioneller Auslegung. Verläßt man das Feld dieser als klassisch anzusehenden Flugzeugkonstruktionen, so steht man vor neuen Möglichkeiten. Es sei in diesem Zusammenhang nur an »Entenflugzeuge« in Verbindung mit neuen Antrieben und Propfans oder Deltakonstruktionen wie die Concorde für den Überschallflug erinnert.

Bei den Airbus-Partnern wird mit Hilfe von CAD/CAM-Anlagen konstruiert. Ingenieure, Techniker und Zeichner bedienen sich dieser Geräte heute. Diese Systeme verkürzen die Konstruktionszeit zum Teil erheblich. Sie vermeiden Fehlberechnungen und -konstruktionen und liefern gleichzeitig Daten für den Prototypenbau und die spätere Fertigung. Von dem eigentlichen Bau eines Prototypen, der im Gegensatz zu früher so gut wie serienreif ist, werden Mockups, maßstabsgetreue Funktionsmodelle gebaut. Sie dienen der Veranschaulichung für Ingenieure und Kunden.

Ändern sich während der Prototypenherstellung die Kundenwünsche, so können diese in Sonderfällen noch berücksichtigt werden. Der Prototyp ist während der Flugerprobung Basis der eigentlichen Serienflugzeuge.

Das CAD/CAM-System macht selbst während der Serienfertigung kurzfristige Änderungen möglich. Die Änderungsanzeigen kommen auf den Bildschirmen in Sekundenschnelle. Zeichnungen, sofern erforderlich, sind durch einen Ausdruck ebenfalls sehr schnell verfügbar.

# Ein Prototyp wird gebaut

Prototypen sind die teuersten Flugzeuge. Ihre Eigenschaften und Leistungen beeinflussen den späteren Serienbau. Protoypen sind bei Verkehrsflugzeugen das Ergebnis jahrelanger Vorausplanung. Mit ihnen fliegen die Testpiloten bis an die Grenzen der Leistungsfähigkeit. Sie testen Treibstoffverbrauch und Reichweiten, Höchst- und Minimalgeschwindigkeit, die Ruder und Klappen, Räder und Bremsen. Die Prototypen haben ihre Konturen und Größe auf die gleiche Weise erhalten, wie ihre später nachfolgenden Serienmuster. Numerisch gesteuerte Fertigungs-Maschinen werden schon in dieser Phase dafür eingesetzt, und für die Serie sind die Programme dazu dann schon bereits abgespeichert.

Prototypen tragen zum Gedeih oder Verderb des Serienflugzeuges bei, und gerade deshalb sind sie schon nahezu vollkommen. Computer und Windkanäle haben im Vorfeld das Machbare bereits vorausgesagt. Prototypen entstehen bei Airbus Industrie im gleichen Verfahren wie Serienflugzeuge. Die Partner liefern die Baugruppen. Mit dem Transportflugzeug Super Guppy finden sie ihren Weg zur Endmontage in Toulouse-St. Martin. In einer eigenen Halle werden sie montiert, Baugruppe um Baugruppe zum fertigen Flugzeug; etwas langsamer als die Serienmaschinen, aber ebenso gewissenhaft.

An ihnen wird noch gelernt, zum Beispiel wie Kabelbäume besser einzubauen sind, Rohre günstiger verlegt werden können und wie man die Vielzahl der Vorrichtungen für den späteren Serienbau optimieren kann.

Prototypen sind Versuchskaninchen und Musterknaben gleichzeitig. Auch Renommierstücke, die auf Vorführreise um die Welt fliegen, und leblose Blechpakete, wenn sie aus den Folterkammern der Testanlagen kommen. Manche von ihnen finden einen schnellen Weg in irgendein Museum, andere wiederum kommen nach einer Umrüstphase zum Linieneinsatz.

# Flugerprobung

Lange bevor ein Flugzeug zum Erstflug startet, wurden seine Eigenschaften im Windkanal und auf Computern erforscht. Und so weiß ein Testpilotenteam sehr genau, was es bei einem Erstflug zu erwarten hat.

Testpiloten bei Airbus Industrie sind in erster Linie Ingenieure. Darüber hinaus müssen sie lizenzierte Airline-Piloten sein. Ein Teil dieses etwa 20 Mann starken Pilotenteams hat eine Testpilotenschule besucht, was aber nicht die Regel ist. Knapp die Hälfte dieses Teams arbeitet im Bereich der Aeroformation, die später für die Ausbildung der Linienpiloten verantwortlich ist.

Zum Testpilotenteam kommen noch etwa acht Flugingenieure hinzu. Normale Testflüge wie auch Erstflüge werden mit einem Team von drei Personen, dem Cheftestpiloten, seinem »Co« und einem Flugingenieur durchgeführt.

Mit an Bord sind elektromechanische Schreiber und Telemetrieeinrichtungen, die in der Lage sind, gleichzeitig bis zu 3000 Parameter, also unterschiedliche Daten aufzunehmen. Die Sensoren dazu liegen in allen Bereichen, wie in der Struktur, der Hydraulik, der Elektrik und in der gesamten Computerlogik.

Den Meßschreibern bleibt dabei nichts verborgen, dennoch wird von dem Testteam erwartet, mehr als das, was die Rechner erfassen, während des Fluges gedanklich aufzunehmen.

Die elektronische Zusatzausrüstung ist mit sieben Tonnen enorm. Die Unterbringung erfolgt im noch unausgestatteten Kabinenbereich. Für spezielle Schwerpunktuntersuchungen werden zusätzliche Wassertanks mit einem Pumpensystem installiert. Diese Untersuchungen müssen zum Beispiel deshalb stattfinden, weil für die Zulassung ein Nachweis über die vordere und hintere Schwerpunktlage erbracht werden muß.

Von etwa 1400 Stunden Flugerprobung, wovon etwa 800 Stunden als Nachweisflüge für die Zulassung erforderlich sind, sind die ersten Starts und Stunden doch die aufregendsten. Ein neues Flugzeug ist wie ein fremdes Land, das man zum ersten Mal betritt. Man weiß zwar schon sehr viel darüber, doch richtig kennenlernt man es erst mit der Zeit. Bei einer Flugerprobung mit ei-

nem neuen Muster gehen mehrere Roll- und Bremsversuche voraus. Erst dann, wenn alle Ergebnisse befriedigend sind, wird der eigentliche Erstflug festgelegt. Zu diesem Zeitpunkt ist dem Team das Flugzeug eigentlich schon so vertraut, daß zumindest alle Handgriffe im Cockpit nicht mehr gewöhnungsbedürftig sind. Erstflüge dauern in der Regel zwischen zwei und drei Stunden. Dabei führen die Piloten erste Manöver aus, die der eigentlichen Systemerprobung dienen. Primär gilt es aber nachzuweisen, daß alle Systeme normal arbeiten. Die Steuerwirksamkeit wird dabei ganz in den Vordergrund gestellt. Grenzflugzustände werden während des ersten Fluges vermieden, und vorsichtshalber wird beim ersten Flug das Fahrwerk auch nicht eingefahren. Der Mechanik mißtraut man insofern sogar mehr als der Elektronik.

Der Ablauf der Tests erfolgt nach der GAR 25, einer europäischen Vorschrift, die speziell zum Testen von Verkehrsflugzeugen erstellt wurde. In ihr sind sämtliche Funktionstests in ihrer Reihenfolge aufgeführt.

Das Testen des Flugzeuges, wie etwa der spezifische Treibstoffverbrauch, wird dann sogar zu einer monotonen Knochenarbeit, meinen die Piloten, und nicht etwa das Erfliegen von Grenzdaten im Langsam- oder im Schnellflug.

Für den Außenstehenden bleiben dennoch Tests wie das Abheben unter extremem Anstellwinkel oder die Landung auf einer wasserbenetzten Landefläche die spektakulärsten Flugerprobungsphasen.

1400 Stunden Flugerprobung bis zur
amtlichen Zulassung:
Hier Erstflug der A310.

# Musterzulassung

Die Flugerprobung dient in erster Linie dem Nachweis, daß das Flugzeug die Anforderungen erfüllt, die von konstruktiver Seite gefordert waren. Damit ist eine Airline aber nicht zufrieden. Sie kann ihren Flugbetrieb nur dann durchführen, wenn das Flugzeug auch musterzugelassen ist.

Die Musterzulassung ist eine Prozedur, die den Nachweis der Flugeigenschaften in allen Konfigurationen ebenso bestätigt, wie Grenzflugwerte und Leistungsdaten allgemeiner Art, und auch die Blindanflug-Landeverfahren regelt. So sind zum Beispiel alle Airbus-Typen für die Landekategorie IIIb (siehe Seite 152) zugelassen. Gleiches wird von Anfang an auch für den A320 angestrebt.

Für den A320 rechnet man für die Musterzulassung inklusive der reinen Flugerprobung 1400 Flugstunden. Die Zulassungsflüge werden allein rund 800 Stunden ausmachen. Selbstverständlich werden die Flüge mit mehreren Maschinen durchgeführt. Die 800 Flugstunden sind reine Nachweisflüge, und hier meinen die Hersteller, daß die Behörden zuviel verlangen. Eine weltweit, einheitliche oder zumindest europäisch einheitliche Zulassung würde die Stundenzahl schon erheblich reduzieren. »Eine reine Formsache«, sagen die Ingenieure; »die haben keine Ahnung, wovon sie reden«, meinen dazu die Behördenvertreter von CAA, LBA und CFA.

Tatsache ist, daß es keine einheitlichen Regularien und automatische Anerkennungen gibt. Das Testpiloten-Team der Airbus Industrie träumt davon, die Nachweisflüge, wenngleich ein Teil der Kollegen dadurch überflüssig würde, nach einheitlichen europäischen Vorschriften, wie etwa nach der FAA-Zulassungsbehörde in den USA, durchführen zu können. Wahrhaftig könnten hier Regierungsvertreter einmal mit einer klaren Entscheidung zeigen, wohin der Weg Europas geht. Kostenreduzierungen müssen weiterhin die Hersteller und damit Airbus Industrie selber anstreben. Vermehrte Windkanaltests und die stärkere Einbeziehung von Großrechnern haben dazu beigetragen, daß die Gesamtflugstundenzahl für die gesamte Erprobung und Zulassung von 18 Monaten beim A300 auf 12 Monate beim A310 und auf 11 Monate beim A320 reduziert werden konnte.

Neben der Grundmusterzulassung erfolgen aber auch weitere Zulassungen, wie etwa die mit verschiedenen Triebwerkstypen oder unterschiedlichen Abfluggewichten oder auch mit ganz neuer Cockpit-Ausrüstung.

Generell wird bei allen Zulassungen parallel ein Flight Manual, ein Handbuch des zuzulassenden Musters, hergestellt. Dieses Handbuch muß alle Erklärungen beinhalten, die für den praktischen Flugbetrieb der Maschine erforderlich sind. Selbst so simple Hinweise wie die Tatsache, daß auf der Startbahn gestartet werden muß, sind ebenso in diesem Flight Manual enthalten wie die Beschreibung, wie die Klappen im Einmotoren-Flug zu setzen sind. In Tabellen wird die Rotationsgeschwindigkeit bei dem jeweiligen Abfluggewicht und Trimmzustand ebenso angegeben, wie die Belastung der Triebwerke im Reiseflug. Bei den Nachweisflügen, die sich in der Anfangsphase häufig mit den Flugerprobungsflügen überschneiden, wird die Arbeit der Testpiloten oft sehr monoton. Gerade das stundenlange Erfliegen des spezifischen Treibstoffverbrauchs ist nichts für erwartungsvolle Gemüter. Wenngleich diese Flüge kaum spektakuläre Flugsituationen fordern, ist die Anwesenheit von Testpiloten an Bord, in der noch jungfräulichen Phase eines Flugzeugs, doch von größter Wichtigkeit. Hier, wie auch in der Flugerprobung, muß der Pilot während des Fluges zum Datenspeicher werden. Er ist sogar im weitesten Sinne Befehlsempfänger des Flugingenieurs, der die jeweils geforderte Flugkonfiguration dem Cockpit mitteilt.

In der Regel ist der Ablauf der Musterzulassungen wie folgt: Zunächst wird die Zulassung in dem Land zuerst angestrebt, in dem das Flugzeug erprobt wurde, also in Frankreich. Danach erfolgt die Zulassung für das Land, das die ersten Muster des neuen Flugzeugtyps erhält, und so weiter. Viele Länder auf dieser Erde haben aber keine eigenen Zulassungsbehörden, und so wird dann als nächste Zulassung die der FAA in den USA erarbeitet.

Die FAA-Kriterien gelten bei den Fachleuten als die anerkanntesten ihrer Art in der Welt. Wozu, darf dann mit Recht gefragt werden, gibt es dann noch andere Vorschriften, nach denen man sich zu richten hat. Die Gründe dafür sind in den nationalen Bestimmungen zu sehen, die bei Zulassungen von Fluggeräten in diesen Ländern immer noch erfüllt werden müssen.

Großrechner helfen bei Definition, Entwicklung, Konstruktion, Bau und Flugerprobung eines neuen Airbusmusters. Hier eine A320 auf dem Bildschirm (rechts).

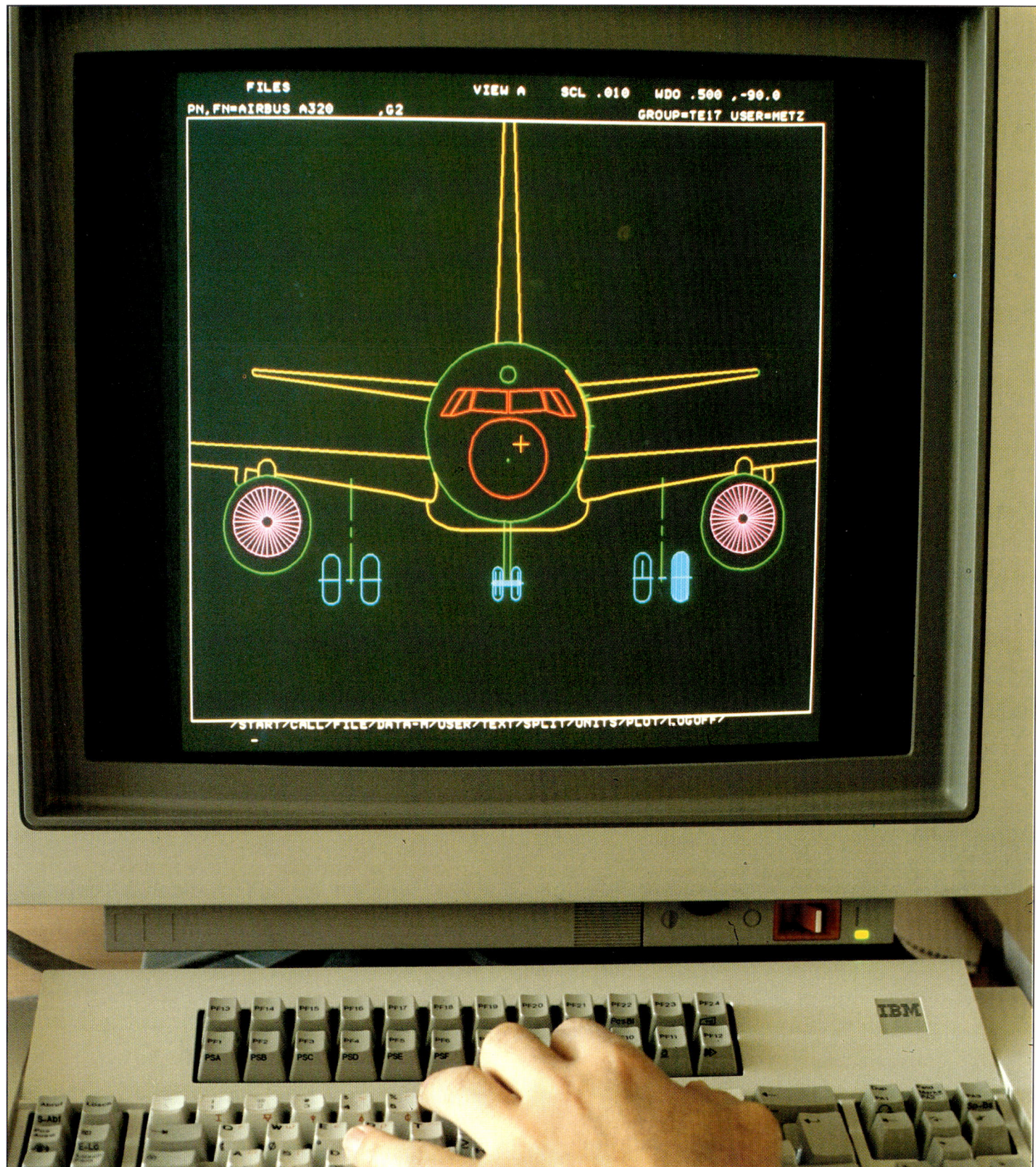

Vorbereitungen für Strömungsmessung im Windkanal in Emmen in der Schweiz. Das A320-Modell im Maßstab 1:11 hängt mit den Rädern nach oben. Dies geschieht aus rein meßtechnischen Gründen. Über 800 „Flugtage" in den Windkanälen sind angesetzt, um das Flugverhalten des künftigen Passagierjets in den Start- und Landephasen zu ermitteln.

Die aerodynamischen Entwürfe und Windkanalmessungen bei MBB
verbesserten zum Teil wesentlich die Flügelentwürfe in Auftrieb und
Widerstand. Auf unserem Bild macht im Windkanal des MBB-Werkes
Bremen eine Lichtdiode die Strömung an einer Flügelhinterkante
sichtbar.

Bei der IABG, in Ottobrunn bei München, werden Airbus-Flügel hohen
statischen und dynamischen Belastungen ausgesetzt. Diese auf die
Flügelstruktur wirkenden Kräfte geben Aufschluß über die
Eigenschaften des Tragwerks bei extrem hohen Beanspruchungen.

Montage des ersten Prototyps A310 (vorne) in Toulouse.

Umfangreiche Meß- und Kontrollanlagen, telemetrische Einrichtungen
sowie hochmoderne elektronische Kommunikationsmittel wurden
für die Test- und Zulassungsflüge der Langstreckenversion A310-300
in der Kabine installiert.

Vor der Zulassung der A300 mußte das Flugzeug harte Tests bestehen.
Hier erfolgt eine Landung auf wasserüberfluteter Landebahn.

# Die Airbusfamilie

Als Airbus Industrie 1970 zur Entwicklung, Herstellung und zum Verkauf von Flugzeugen gegründet wurde, war das Ziel, ein zweimotoriges, großkabiniges Gerät zu entwickeln. Die damals beteiligten Partner Aerospatiale und die Deutsche Airbus GmbH (MBB) waren sich darin einig, einen vollkommen neuen Weg beschreiten zu müssen. Daß ein Hersteller schon aus rein marktwirtschaftlichen Gesichtspunkten ein neues Produkt besser und bei Flugzeugen wirtschaftlicher gestalten muß, ist eigentlich keine neue Erkenntnis.

Produkte, die den Markt erobern sollen, müssen nun einmal Vorteile gegenüber dem Existenten haben. Der Erfolg von Airbus Industrie ist letztendlich auch darin zu suchen, daß alle 50 000 Mitarbeiter des Programms den Ehrgeiz entwickelt haben, ein Produkt auf die Beine zu stellen, welches besser und wirtschaftlicher als das von der Konkurrenz ist. Die Hochs und Tiefs, die das Gemeinschaftsunternehmen seit seiner Gründung durchmachen mußte, konnten teilweise nicht nur durch finanzielle Garantien der Regierungen übernommen werden, sondern es ist in erster Linie auch dem Mut und der Entschlossenheit jedes einzelnen Mitarbeiters zu verdanken, der durch sein Engagement und oft auch durch sein persönliches Opfer die Leistung erbracht hat, die schließlich dazu erforderlich war, das Unternehmen Airbus erfolgreich zu machen.

Airbus ist eine europäische Idee, es ist das Ergebnis jahrelanger Vorstudien von Männern, die bereits in den frühen sechziger Jahren von mehr als nur von einem gemeinsamen Flugzeugbau geträumt haben. Airbus ist auch die Antwort auf das protektionistische Denken amerikanischer Vormachtstellungen. Der Airbus könnte ein rein europäisches Produkt sein, in Wirklichkeit sind aber etwa 30 % jedes Airbusses amerikanischen Ursprungs. Qualität dort, wo sie verlangt wird, aber im Falle der Triebwerke und der Avionik sind die Amerikaner im Vorteil.

In der ersten Konzeptphase der Airbus Industrie galt es, von Althergebrachtem abzuweichen, zukunftsorientiert zu denken und sich auf etwas Dauerhaftes einzustellen. Wie viele Projekte waren doch zu diesem Zeitpunkt gescheitert. Die Engländer hatten eine große Typenvielfalt. Es gab auch Flugzeugtypen, die durchaus interessant und marktgerecht waren, nur kaufen wollte sie kaum einer. Nicht anders in Frankreich. Die Caravelle, Frankreichs erster Ziviljet, brachte es nicht über eine Stückzahl von 279 Verkäufen, wenngleich ihre Eigenschaften gerühmt wurden. Und dann noch die Concorde, das Renommierstück englisch-französischer Zusammenarbeit, aber wer wollte so etwas schon bezahlen?

Deutschland kam über Prototypen zu dieser Zeit meist nicht hinaus. Etwas ganz Neues zu machen, war damals zwar ein guter Vorsatz, doch war die Ausgangsposition nicht besonders glücklich. Es gab keine gemeinsame Sprache, keine einheitlichen Normen, es gab nur die Vorstellung, mit dem Airbus etwas Großes zu vollbringen. Und zwischen den Partnerländern gab es unterschiedliche Vorstellungen. Es ist besonders den Männern der ersten Stunde bei Airbus Industrie aus allen Partnerländern zu verdanken, daß es sehr schnell zu einer einheitlichen Sprachregelung und zu einem besseren gegenseitigen Verstehen kam.

Die Grundphilosophie ist nicht allein im Flugzeugkonzept zu suchen. Das Flugzeugkonzept aber selbst ließ aufhorchen.

Der erste Airbus sollte ein 300-Sitzer mit zwei Triebwerken für mittlere Strecken werden. Anders als bei bisher bekannten Konzepten einigte man sich darauf, einen großvolumigen Rumpf zu verwenden. Die Idee mit den zwei Mittelgängen hatte sich bei den amerikanischen Langstrecken-Flugzeugen bereits bestens bewährt. Auch hatten die Amerikaner ein Einheitsfrachtsystem mit einem Container-Typ kreiert, dem LD 3-System, welches sich ideal für den Frachtraumbereich des ersten Airbusses anbot. Systematik war aber auch in der Auswahl der Triebwerke vorhanden. Man bediente sich vorhandener Triebwerke, die bereits in amerikanischen Jumbos ihre Zuverlässigkeit bewiesen hatten.

Oft viele Monate dauern die harten Tests und Erprobungen, bis ein neuer Airbus, wie hier die A310, die Voraussetzungen für die behördlichen Zulassungen erfüllt (links).

# A 300

## TYP A300B2-100, DER ERSTE SERIEN-AIRBUS

Anders als ursprünglich geplant, ging das Airbus-Konsortium 1969, zwei Jahre nach den ersten Vereinbarungen, von der Idee des 300-Sitzers ab und einigte sich auf einen 250-Sitzer, wie er schließlich auch in der A300B1 verwirklicht wurde. Mit etwa 22 Tonnen Schub der beiden Zweikreiser General Electric CF6-50A war die B1-Version auf 224 Passagiere in einer Zweiklassen-Version ausgelegt. Zwei Maschinen wurden gebaut, aber 1971, schon lange vor dem Erstflug der ersten A300, wurde die Serie vorbereitet.

Erster Kunde, in der Fachsprache Launching Customer, war die Air France. Die A300B2-100 ist sozusagen die Mutter aller Airbusse, denn ihre Grundauslegung, die weitgehend der der Prototypen entspricht, ist selbst Ausgangskonstruktion für Airbusse, die voraussichtlich in den neunziger Jahren fliegen werden.

Sein Rumpfquerschnitt ist so gewählt, daß er sich für Folgemodelle, auch zwanzig Jahre nach seinem Erstflug, noch eignet. Da bei der Grundauslegung des Druckrumpfes der Grundaufbau der klassischen Schalenbauweise mit Spanten, Stringern, geklebten und genieteten Blechen schon damals optimal ausgelegt wurde, gibt es daran auch nichts zu ändern. MBB fertigt die Rumpfhauptbaugruppen und außerdem noch das Seitenleitwerk.

Beim Flügel wurde schon sehr früh erkannt, daß in bezug auf dessen Auslegung für die Zukunft mit Änderungen zu rechnen ist. Hawker Siddeley, heute British Aerospace, war für dessen Bau vorgesehen.

CASA hatte sich von Anfang an auf den kleineren Bauanteil mit dem Höhenleitwerk konzentriert. Aerospatiale baute den Flügelmittelkasten, die Triebwerkspylons und den Rumpfbug mit der gesamten Ausrüstung und fügt in seiner Endmontage in Toulouse alle Baugruppen zu einem fertigen Flugzeug zusammen.

Triebwerke, Fahrwerke und viele andere Teile werden im Unterauftrag vergeben. Obwohl alle heute gebauten Airbusse ausschließlich nur noch mit Zweimann-Cockpits hergestellt werden, waren die ersten A300B1, B2 und B4 noch mit dem konventionellen Dreimann-Cockpit ausgerüstet worden. Der Weg zum späteren Zweimann-Cockpit war die logische Entwicklung technischer Erkenntnisse, die von Aerospatiale einflossen.

Wie alle Airbus-Typen ist auch die A300B2-100 eine für den rauhen Mittelstreckenbetrieb ausgelegtes Flugzeug. Airbusse, und das sagt auch schon der Name, sind Flugzeuge, die viele Passagiere mitunter auch mit mehreren Zwischenstopps an ihren Bestimmungsort bringen und dabei möglichst immer gleichmäßig ausgelastet sind.

Die Air France hat den ersten Airbus im Mai 1974 termingerecht kurz nach seiner behördlichen Zulassung in den Dienst gestellt. Das Konzept bewährte sich, vor allem nach dem Schock der Ölkrise so sehr, daß es bei Airbus Industrie trotz einiger Unkenrufe nur noch eine Devise gab: Weitermachen.

Air France war die erste Luftverkehrsgesellschaft, die den Airbus in ihrem
Streckennetz einsetzte. Es war eine A300 B2-100.

## TYP A300B2-200, DER VERBESSERTE B2

Südafrika,europäischen Produkten schon immer sehr zugetan, war der erste Kunde der A300B2-200. Die teilweise sehr heißen und hochgelegenen Flughäfen wie Johannesburg und Windhoek verlangten nach noch besseren Start- und Landeeigenschaften, die für die A300B2-200 durch Krüger-Klappen am Flügel erzielt wurden. Ferner wurden Räder- und Bremssysteme der inzwischen ebenfalls weiterentwickelten B4 verwendet. Im wesentlichen entsprach die B2-200er-Version aber dem strukturellen Aufbau der B2-100er-Version.

## TYP A300B4-100, DAS ERFOLGSMODELL

Mit dieser Version konnte Airbus Industrie zum ersten Mal größere Aufträge verbuchen. Die erste A300B4-100 flog am 26. Dezember 1974. Bezüglich der Reichweite erfüllte sie die Wünsche mehrerer Fluggesellschaften. Germanair, inzwischen von Hapag Lloyd gekauft, war der erste Kunde. Der Flügel wies nun erstmals Neuentwicklungen auf, die auf den ersten Prototyp B1 zurückgingen.
Die dreiteiligen ausfahrbaren Vorflügel und Krüger-Klappen an der Flügelwurzel sowie die dreiteiligen Landeklappen, Innenquerruder und Bremsklappen, bereits bei dem ersten Flügelentwurf für die A300B1 berücksichtigt, brachten wesentliche Verbesserungen, was sich durch eine größere Reichweite bezahlt machte.

## TYP A300B4-200, DER SCHRITTMACHER

Äußerlich nicht zu unterscheiden hatte die A300B4-200 gegenüber der B4-100 einige Strukturveränderungen im Rumpf, Flügel- und Fahrwerkbereich erhalten. Sie erhielt ein größeres Abfluggewicht und eine größere Reichweite. Die Version B4-200 flog zum ersten Mal 1976. Das Flugzeug machte 1981 von sich reden, als die indonesische Luftfahrtgesellschaft Garuda mit diesem Typ ein verändertes Cockpit, das vielgepriesene und zunächst auch von Piloten angezweifelte Zweimann-Cockpit, orderte. Das Flugzeug machte schließlich Geschichte und leitete eine neue Generation moderner, vereinfachter Cockpits ein. Die von dieser Baureihe abgeleiteten Muster Convertible-Version, die Passagier-Fracht-Version A300C und die reine Freight-Version A300F sind in diese erfolgreiche Baureihe mit einzuordnen.

Äußerlich nicht zu unterscheiden von der A300 B2-100 ist die
A300 B4-200, die erstmals bei der indonesischen Luftverkehrsgesellschaft Garuda geflogen wurde. Mit einem Zwei-Mann-Cockpit
leitete dieses Flugzeug eine vollkommen neue Flugzeug-Generation ein.

## TYP A300C4, DER VERÄNDERBARE

Hapag Lloyd Flug war der erste Kunde, der in der Convertible-Version eine bessere Auslastung des Airbusses sah. Mit einer zusätzlichen großen Frachttür im vorderen Bereich können selbst sperrige Güter transportiert werden. In der Mixture-Version wird im vorderen Bereich Fracht geladen, während die Passagiere durch ein die 9fache Erdbeschleunigung (9 g) aushaltendes Zwischennetz gesichert sind. Convertible ist aber auch der Austausch der Kabineneinrichtung, Küchen und Toiletten im Oberdeck gegen ein aus Rollschienen und Befestigungspunkten bestehendes Frachtladesystem, um ausschließlich Fracht zu befördern. Jahreszeitlich bedingter Ferienflugverkehr läßt sich in Flugplänen so koordinieren, daß in reisearmen Zeiten die Maschinen für reine Frachtflüge zur Verfügung stehen.

## TYP A300-600C+F, DER ALLESKÖNNER

Ähnlich wie ihre Vorgängermuster A300C4+F4 ist die A300-600C+F eine Ableitung der serienmäßigen Standardversion A300-600. Erster Kunde der Convertible-Version war Kuwait Airways. Die C-Version bietet 267 Reisenden in einer Standard-Zweiklassen-Auslegung oder je nach Auslegung 145 Reisenden in der Convertible-Version Platz. Die reine Frachtversion hat ein um neun Tonnen geringeres Leergewicht, was die Nutzlast auf 50,25 Tonnen erhöht. Die Reichweite dieser Version beträgt bei voller Zuladung 6800 Kilometer.

Der Airbus A300 C4 – C steht für „Convertible Version" – wurde zuerst bei Hapag Lloyd Flug eingesetzt. Das Bild vermittelt einen Eindruck von der Größe des Laderaumes in der Airbus-Frachtversion.

## TYP A300-600, DER NEUE GROSSE

Die A300-600 ist eine weiterentwickelte Version des Basismodells A300B4-200. Sie fliegt seit 1984 im Liniendienst. Ihre Triebwerkausstattung besteht aus den weiterentwickelten JT9D-7R4H1-Turbinen von Pratt & Whitney oder den General Electric-CF6-80C2-A1-Triebwerken. Die Möglichkeit eines Antriebs durch Rolls Royce-Triebwerke ist ebenfalls gegeben.

Der Rumpf der A300-600 hat das Rumpfheck der A310 und durch zusätzliche Spante eine Verlängerung der Kabine um knapp einen halben Meter erhalten. Einsparung an Gewicht erfolgte durch die Verwendung von mehr Kunststoff und digitaler Avionik.

Das Cockpit entspricht dem des Airbus A310. Die neuen Triebwerke, die Gewichtsreduzierungen, erhebliche weitere Verbesserungen am Flügel (einschließlich der Wing-tipfences) und eine Reihe von kleinen Detailverbesserungen haben bei der A300-600 zu erstaunlicher Reichweitenerhöhung, höherer Nutzlast und schließlich zu niedrigeren Flugkosten geführt.

Im Prinzip kommt dieses Flugzeug mit den 267 Sitzplätzen in einer Zweiklassen-Auslegung den Vorstellungen eines 300-Sitzers etwas näher, für den allerdings anfangs wenig Bedarf war. Zur Ergänzung ihrer Leistungsfähigkeit beim Landen erhielt die A300-600 die inzwischen bei der A310 bewährten Carbon-Bremsen.

Saudi Arabian Airlines war der erste Kunde dieses neuen Airbusses. Inzwischen hat auch die Lufthansa die A300-600 geordert und sich auch Optionen gesichert.

Die A300-600, eine Weiterentwicklung der A300, ist der zur Zeit größte Airbus. Mit moderner Cockpit-Technologie ausgestattet, bietet dieser Airbus maximal Platz für 299 Passagiere. In einer Version für First Class und Economy Class beträgt die Passagierzahl 267.

# A 310

## TYP A310-200, DER KLEINE

Im Jahre 1978 entschloß sich Airbus Industrie zu einer Erweiterung ihrer Flugzeug-Familie. Der Airbus A310 sollte mit einem kleineren Sitzplatzangebot der Forderung nach mehr Einsatzflexibilität der Airlines Folge leisten. Swissair und Lufthansa traten als Erstbesteller auf. Mit 25 georderten A310 stellte sich die Lufthansa eindeutig hinter dieses Flugzeug, wenngleich die Vereinigung Cockpit zunächst Bedenken gegen das Zweimann-Cockpit anmeldete, sie aber später wieder fallenließ.

Die A310-200 ist eine im Rumpf verkürzte und mit erheblichen Verbesserungen versehene A300B4. Sie erhielt jedoch einen vollkommen neuentwickelten Flügel höherer Streckung mit ganz hervorragenden Eigenschaften, für dessen Entwicklung British Aerospace verantwortlich war.

Eine vollkommen neue Profilgebung (transsonischer Flügel) und eine wesentlich verbesserte Flügelgeometrie machen das Flugzeug zusammen mit den ebenfalls neuentwickelten Triebwerken von General Electric (CF6-80A3 oder CF6-80C2A2) beziehungsweise von Pratt & Whitney (JT9D-7R4D1 oder JT9D-7R4E1) zum uneingeschränkten Meister seiner Klasse. Ersatzweise kann aber auch in diesem Fall ein Kunde das Rolls Royce RB 211-524B4 wählen. Mit 21,35 bzw. 22,24 Tonnen Schub stecken große Reserven in diesem Flugzeug.

Bis zu 8500 Kilometer weit kann die Version A310-300 fliegen. Sie ist für bis zu 280 Passagiere zugelassen (219 in einer Standard-Zweiklassen-Bestuhlung).

Das Zweimann-Cockpit, für dessen Entwicklung Aerospatiale zuständig war, ist mit den fortschrittlichsten Systemen in Digitaltechnik ausgerüstet. Sechs Farbbildschirme reduzieren die Vielzahl der sonst üblichen Instrumente. Die Integration der Anzeigen über das EFIS (Electronic Flight Instrument System = elektronische Fluginstrumente) ermöglicht bis zu zwölf Anzeigen, neben der Anzeige des Wendehorizontes. Eine zweite Anzeige, die ebenfalls doppelt vorhanden ist, dient der Navigations-Anzeige. Neben einem Farbwetterradar lassen sich hier der Flugweg einschließlich sämtlicher Funkfeuer (VOR) anzeigen. Das Navigationssystem muß nur vor dem Flug mit den entsprechenden Streckendaten programmiert werden.

ECAM (Electronic Centralized Aircraft Monitor = zentrale elektronische Flugzeugüberwachung) ist sozusagen das denkende Etwas, welches im Prinzip den dritten Mann im Cockpit ersetzt. ECAM zeigt über den rechten und linken Bildschirm alle Soll- und Istzustände an. ECAM meldet und warnt und gibt Lösungsmöglichkeiten bei auftretenden Fehlern.

Das AFCS (Automatic Flight Control System = automatisches Flugsteuerungssystem) entspricht einem erweiterten Autopiloten. In Ergänzung der Hauptsysteme ist das Overhead-Panel mit Druckschaltertasten bestückt (Push-button-System). Schalter und Sicherungen sind in logischer Reihenfolge über Leuchttafeln zu Funktionssystemen zusammengefaßt.

Arbeiten alle Systeme normal, so leuchtet keiner der Druckschalter auf, und der linke ECAM-Bildschirm bleibt bis auf die Kraftstoffverbrauchsanzeigen ohne Information. Tritt ein Fehler auf, leuchtet die entsprechende Schalttaste gelb auf, der Pilot hat dann die Taste zu drücken. Ist der Fehler dann noch nicht behoben, leuchtet dieselbe Taste rot auf, was für die Cockpit-Besatzung sofortiges Handeln bedeutet. Grün signalisiert das Reservesystem, und Blau bedeutet die zeitweise Nutzung. Weiß ist schließlich die Anzeige einer anormalen Schalterstellung mit einer Fehlermöglichkeit.

Dieses neue Cockpit und die hohe Leistung der A310 haben die Amerikaner bewogen, ein Konkurrenzmodell herauszubringen. Das geschah mit der Boeing 767.

Trotz dieses Konkurrenzdruckes konnte sich die A310 mit ihrer zukunftsweisenden Technologie aber durchsetzen. Der praktische Flugbetrieb wies denn auch eine Betriebszuverlässigkeit auf, die viele Flugzeugmuster in den Schatten stellte. Durch die Verwendung neuer, leichterer Werkstoffe konnte bei der A310 der Nutzlastladefaktor wesentlich erhöht werden. Der Airbus A310-300 fliegt als erstes Verkehrsflugzeug von 1985 an serienmäßig mit einem Seitenleitwerk aus CFK = Kohlefaser-Kunststoff. Am 3. April 1982 erhob sich die A310-200 zum ersten Mal in die Luft. Wie die A300B2+B4-Versionen erhielt sie die Zulassung nach Landekategorie III a (siehe Seite 152) und später die Kategorie III b (A300B2+B4 sind nach Kategorie III a zugelassen). Im Frühjahr 1983 gingen die Maschinen gleichzeitig bei der Lufthansa und der Swissair in den Liniendienst.

Airbus A310-200 ist eine im Rumpf verkürzte, mit erheblichen
Verbesserungen versehene A300. Hervorzuheben ist der dafür
neuentwickelte transsonische Flügel und das digitalisierte Cockpit
dieses Flugzeugtyps.

## TYP A310-200, DER RENNER

Von den fünf ersten A310-200 dienten zwei der Flugerprobung und Musterzulassung. Von einem Prototyp wird bei Airbus Industrie deshalb nie gesprochen. Die auch als Basis-Version bezeichnete Variante wird wahlweise mit dem Pratt & Whitney-Triebwerk JT9D-7R4D1 oder General Electric CF6-80A3 geliefert. Die Triebwerkauswahl wird in den letzten Jahren häufig bei den Airlines der Gesamtflotte angepaßt. So entschied sich die Lufthansa zum Beispiel wegen der Vereinfachung seiner Lagerhaltung und zur Kostenreduzierung für General Electric, während die Swissair sich auf Pratt & Whitney-Triebwerke vorerst festgelegt hat. In den Leistungsverbräuchen liegen die beiden Triebwerke gleich. Standard-Baugruppen können aber mit denen anderer Triebwerke aus der Boeing 747 oder der DC 10 ausgetauscht werden. Mit 219 Passagieren fliegt eine A310-200 mit einer vorgeschriebenen Reserve in der 142-Tonnen-Version 7400 Kilometer weit. Dies sind bereits Strecken, die einen Flug von Frankfurt nach New York möglich machen würden.

Der Airbus A310-200, der jedoch zunächst als Mittelstreckenflugzeug ausgelegt wurde, eignet sich ebenfalls für den Einsatz auf längeren Strecken. Der A310-200 kann mit verschiedenen Abfluggewichten (132 t, 138,6 t und 142 t) ausgeliefert werden.

## TYP A310-200C + A310-200F

Martinair, eine holländische Luftverkehrsgesellschaft, interessierte sich schon sehr früh für die Convertible-Version, die als A310-200C 1984 an sie ausgeliefert wurde. Das Flugzeug entspricht dem Muster A310-200, hat jedoch auch wie der größere Airbus A300-600C im Frontbereich eine zusätzliche Frachttür. Die F-Version ist eine reine Frachter-Version, die auf eine Nutzlast von 42 Tonnen kommt.

## TYP A310-300, DER KLEINE LANGSTRECKENSPEZIALIST

Mit 142 Tonnen Abfluggewicht ist die A310-200 leistungsmäßig noch längst nicht an der Grenze. Durch einen zusätzlichen Tank im Höhenleitwerk erhöht sich ihre Reichweite. Sie liegt bei 8500 Kilometer. Mit weiteren 7000 Liter Kraftstoff ist sogar eine Reichweite von 9260 Kilometer möglich. Entscheidend für die erhöhte Reichweite ist das elektronisch gesteuerte Trimm-Tank-System. Eine Kraftstoffpumpe pumpt dabei während des Fluges den Kraftstoff so zwischen Flügel und Leitwerk hin und her, daß immer mit der optimalen Schwerpunktlage geflogen werden kann. Gut zwei Prozent Treibstoff können mit dem Trimm-Tank-System eingespart werden. Launching Customer ist auch für diesen Typ die Swissair. Die PAN AM bedient seit 1986 mit diesem Typ eine Nordatlantik-Route.

Die Airbus-Version A310-300 – hier in der Bemalung der Air India –
ist für 219 Passagiere in einer Standard-Zweiklassen-Bestuhlung ausgelegt. Sie kann nonstop bis zu 8500 Kilometer weit fliegen.

# A 320

TYP A320, DER 150-SITZER

Im März 1984 erfolgte der »Start-schuß« für den 150sitzigen Airbus A320. Der ebenfalls zweistrahlige Airbus zielt auf den Markt der zu ersetzenden alten DC 9, der Boeing 727 und Boeing 737. Launching Customer der A320 ist die Air France, gefolgt von British Caledonian, Inex Adria, Cyprus Airways, Air Inter, PAN AM, Ansett, Indian Airlines, Northwest Airlines, Royal Jordanian, TAA, GATX und GPA. Die Lufthansa wird ihre Maschinen ein Jahr nach dem Erstflug erhalten, weil ihr Bedarf zur Einführung des Typs 1988 noch nicht vorhanden ist. Mit einem Durchmesser von 3,95 Meter ist der Rumpf kleiner als bei ihren größeren Schwestern A300 und A310, doch breiter als alle bisherigen Flugzeuge mit einem Mittelgang.

Um Gewichte zu sparen, wird die A320 zum Teil aus der neuen Legierung Aluminium-Lithium hergestellt, die leichter als die bisherigen Aluminium-Legierungen ist. Das gesamte Leitwerk wird voll aus CFK (kohlefaserverstärktem Kunststoff) gefertigt. Die A320 erhält einen neuen transsonischen Flügel. Die beiden Triebwerke IAE V2500 werden durch ihren großen Durchmesser besonders auffallen. Neben dem neuen V2500 wird auch das CFM56-5 angeboten. In der Kabine wird der Passagier von der Großzügigkeit des Raumangebotes überrascht sein. Es gibt zwar nur einen Mittelgang, aber dafür wird wesentlich mehr Schulterfreiheit als in den Boeing-Typen 727, 737 oder 757 geboten. Mit 50 Prozent niedrigerem Treibstoffverbrauch gegenüber einer Boeing 727-200 wird die A320 eines der wirtschaftlichsten Flugzeuge sein und auch jeder Boeing 737-300 oder 757 davonfliegen.

Die A320 macht auch einen weiteren Schritt in der Bordelektronik nach vorn. Das Cockpit hat keinen Steuerknüppel herkömmlicher Art. Es wird mit Sidestick geflogen. Der Sidestick ist ein verkleinerter Steuerknüppel, der nur aus dem Handgelenk heraus, seitlich des Piloten, gesteuert wird. Durch die konsequente Entwicklung der Fly-by-wire-Steuerung wird dies erst möglich.

Hier werden die Steuerbewegungen des Piloten nicht durch Seile und Gestänge, sondern durch Signale über dünne Kupferdrähte auf Rudermaschinen übertragen.

Bei der Bordelektronik sprechen die Ingenieure von der zweiten Generation der Digital-Computer. Die den Computern zugeordneten mechanischen Sensorsysteme, wie etwa die mechanischen Kreisel, sind weitgehendst durch Laserkreisel ersetzt. Die Entwicklung geschah schrittweise und wurde bereits mit der A300B4-200 eingeleitet. Der zunehmende Verzicht auf mechanische Systeme führt zu höherer Ausfallsicherheit, zu längerer Lebensdauer und zu noch exakteren Computerwerten.

Das hohe Nebenstrom-Verhältnis der Triebwerke, der leichtere Rumpf, das fortschrittliche Flügel-Design und die fortschrittliche Elektronik in allen Bereichen werden dazu beitragen, daß der Airbus A320 zu dem führenden Flugzeug in der 150-Sitzer-Klasse wird. Die im Airbus A320 verwirklichten Technologien sind wiederum Ausgangspunkte neuer Flugzeuge für die Airbus-Familie.

A320 heißt der modernste und jüngste Airbus-Typ, der ab 1988
an die Luftverkehrsgesellschaften ausgeliefert wird. Schon lange vor
seinem Erstflug lagen 200 feste Bestellungen vor. Das Bild zeigt den
Prototypen in der Montagehalle in Toulouse.

# A330

## DER GRÖSSTE ZWEISTRAHLIGE

Mit einem Fassungsvermögen von maximal 420 Sitzen wird die A330 der größte Airbus in der Familie sein. Er soll den gleichen Flügel wie die A340 erhalten, mit zwei größeren Triebwerken (PW4000 oder CF6-80C) ausgerüstet werden und den spezifisch niedrigsten Treibstoffverbrauch haben, der je von einem Flugzeug benötigt wurde. Der verlängerte Rumpf wird gegenüber dem A300-600 etwa 30 Prozent mehr Passagiere und in seinem Frachtraum 50 Prozent mehr Fracht befördern können. Er zielt auf das Wachstum im internationalen Passagieraufkommen.

# A340

## DER ERSTE VIERSTRAHLER

Die A340 ist ein Langstreckenflugzeug mit einer Reichweite zwischen 11 000 und 12 650 Kilometer und einem Angebot von 250 Sitzplätzen. Im Gegensatz zum A320 ist ihr Stückzahlbedarf geringer, dennoch ist dieser Markt interessant. Alle Airbus-Partner arbeiten seit einiger Zeit an der Entwicklung dieses Flugzeugs, welches in erster Linie als Tristar- und DC-10-Ersatz gedacht ist. Sowohl die A330 als auch die A340 sollen denselben neu zu entwickelnden Flügel erhalten, der das Fortschrittlichste an Aerodynamik darstellen wird. Variable Wölbung ist ein Rezept für seinen hohen Wirkungsgrad. Vorderflügel und Flügelendkante werden bei diesem System im Fluge, ähnlich einem Vogelflug, der Flugsituation entsprechend gewölbt und so der Wirkungsgrad für verschiedene Flughöhen optimiert.

Als Triebwerke sind die neuen Turbofans IAE V2500 oder das CFM56-5 vorgesehen. Bereits bewährte Systeme, wie das Trimm-Tank-System von der A310-300, CFK-Strukturen und das beim A320 dann bereits eingeführte Cockpit mit Sidestick, werden in das Projekt mit einfließen.

A330, das künftige zweistrahlige Großraumflugzeug für Kurz- und Mittelstrecken als Modell.

Airbus A340, die Langstreckenversion
der Airbus-Familie, als Modellfoto.

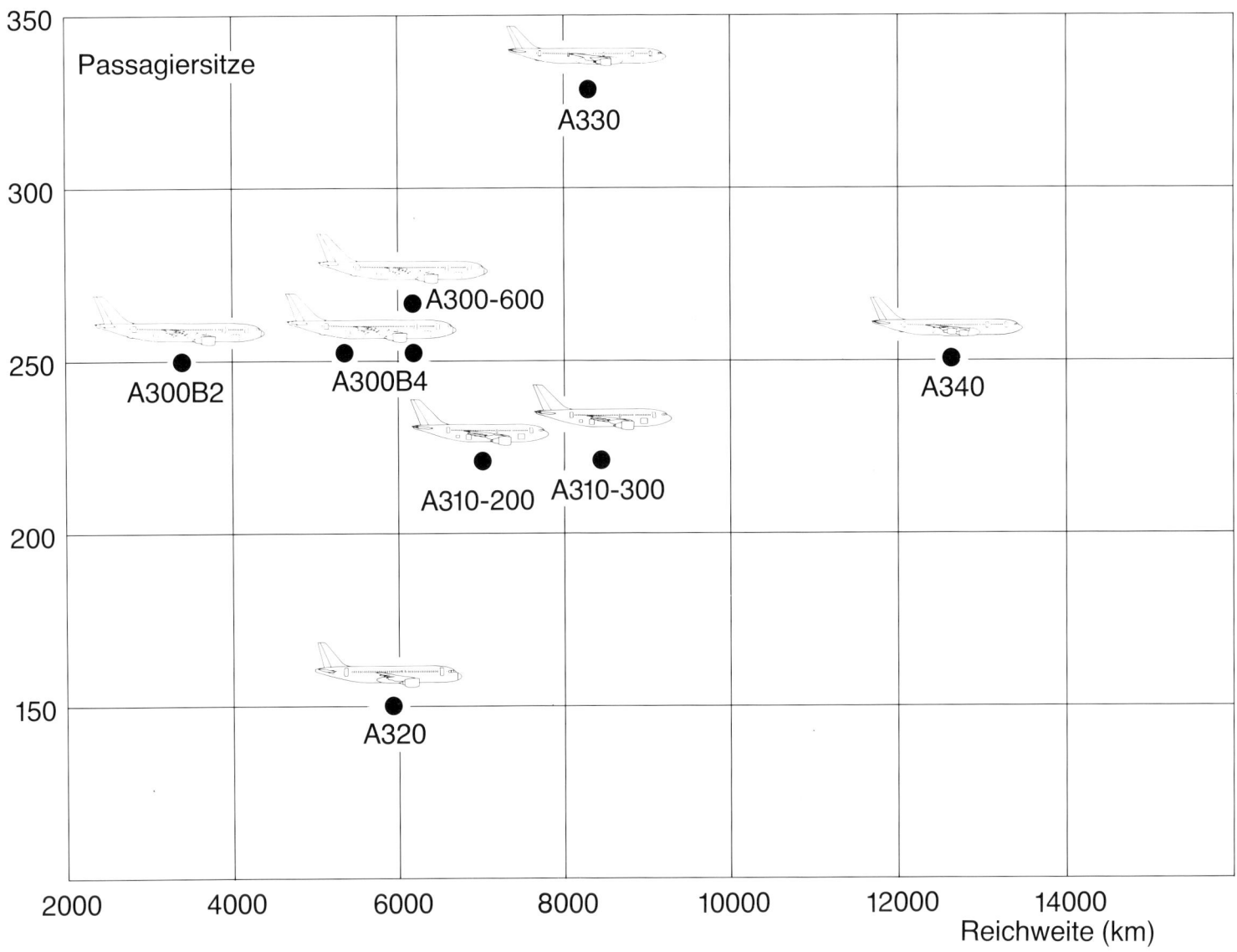

Übersicht über das Programm der
Airbus-Familie (oben).

Airbus A300B4 der Air France im Anflug
auf Nizza (rechts).

A300C4 von Hapag Lloyd Flug übernimmt als Frachtflugzeug Ladung
für die USA (oben).

A300–600 während eines Testfluges über den Pyrenäen (Seiten 42/43).

A310–300, die Langstreckenversion der A310, ausgerüstet mit
moderner Flugführungstechnologie und einem Trimmtanksystem, fliegt
mit 219 Passagieren in zwei Klassen nonstop über eine Distanz von
8500 Kilometern. Alia zählt zu den neuen Kunden.

Die A320 während ihrer Flugerprobung. Modernste Technologie in
Bauweisen und Systemen zeichnen dieses 150sitzige Kurz- und Mittelstreckenflugzeug aus (oben).

A300B4 und A310-200 der PAN AM auf einem Überführungsflug
(Seiten 46/47).

# Wie ein Flugzeug entsteht

Bei Konstruktionselementen, die aufgrund der Belastung bei Start und Landung und während des Fluges eine bestimmte Festigkeit erhalten müssen, besteht die Forderung, leicht zu sein, um eine größtmögliche Zuladung an Nutzlast (Passagiere und Fracht) zu erreichen. Verkehrsflugzeuge fliegen in größeren Höhen zwischen 9000 und 12 000 Meter. In diesen Höhen herrschen Drücke und Sauerstoffkonzentrationen, die dem Menschen nicht zuträglich sind. Deshalb muß ein Rumpf in Form einer »aufblasbaren Druckröhre« hergestellt werden, die mit einem automatischen Regelsystem den entsprechenden Ausgleich bringt.

Der Rumpf besteht in seinen Grundelementen aus Beplankungsblechen, Stringern als Längsverstärkung und Spanten als Umfangskraftverstärker. Dazu kommen Verstärkungen an Ausschnitten (Fenster) und Öffnungen (Türen). Der Rumpf bedingt zylindrische oder sphärisch geformte Elemente.

Die Flügel sind die Elemente eines Flugzeuges, mit deren Hilfe das Flugzeug den notwendigen Auftrieb erhält. Steuerflächen, wie Landeklappen, Vorflügel, Störklappen, Bremsklappen und Querruder am Tragwerk, dienen zur Unterstützung der Auftriebserzeugung bei Start und Landung und zur Manövrierung des Flugzeugs. Im Inneren des Flügelkastens, der tragenden Struktur des Flügels, ist der Kraftstoff untergebracht.

Für die Aufnahme der Pylons, das sind die Konstruktionselemente, an der die Triebwerke hängen, sind die Flügel besonders verstärkt. Der Anschluß des Flügels an den Rumpf erfolgt über entsprechende Verbindungselemente an dem sehr steifen Flügelkasten als Bestandteil der Rumpfstruktur.

Ähnlich wie die Flügel sind auch das Seitenleitwerk und Höhenleitwerk aufgebaut. Zusammen mit Höhen- und Seitenleitwerk sind die Flügel wesentliche Elemente zur Steuerung des Flugzeugs.

Für den Flugzeugbau müssen Werkstoffe gewählt werden, die der Forderung nach geringem Gewicht, höherer Festigkeit und möglichst geringer Korrosionsanfälligkeit entsprechen. An einem Airbus werden heute 80 bis 90 Prozent Aluminium, 4 bis 6 Prozent Titan, 3 Prozent Stahl für besondere Festigkeitsanforderungen und 5 Prozent Kunststoff mit Verstärkungen aus Kohle-, Glas- oder Aramidfaser verwendet.

Ein neues Material, die Legierung Aluminium-Lithium, befindet sich in der Erprobung.

Der Anteil an Kohlefaser dürfte sich in Zukunft weiter erhöhen. Gewichtseinsparung mit gleichzeitig ausreichender Festigkeit und gute Verwendung für komplexe Teile machen den Einsatz sinnvoll. Schon heute werden für den Airbus Spoiler und Seitenleitwerke in Kohlefaser-Verbundbauweise hergestellt.

Die von der Aerodynamik geforderten Formen lassen sich häufig nur noch mit großem Aufwand an metallischen Werkstoffen herstellen. Die gute Formbarkeit von faserverstärkten Kunststoffen und die damit erreichbaren geringeren Baugewichte bringen Vorteile für den Konstrukteur, aber aufgrund ihres geringeren Gewichtes vor allem auch höhere Wirtschaftlichkeit für Luftverkehrsgesellschaften.

Immer häufiger werden Bauteile mit Glasfasern, Kohlenstoffasern oder hochfesten Aramidfasern verstärkter Kunststoff mit höherem Festigkeitsgrad eingesetzt. Dazu gehören Leitwerke, Klappen an den Tragwerken, Verkleidungsteile, Innenausstattungsteile und Platten.

# Metallbauweise

Die Metallbauweise ist immer noch eine Art General-Bauweise im Flugzeugbau. Bereits zu Beginn der Fliegerei wurde aus Metall gefertigt. Zwar bediente man sich damals noch der Stahlrohrbauweise, doch gab es während des ersten Weltkriegs schon erste Ansätze, Leichtbauelemente aus dünnen Stahlblechen zu entwickeln; es gab sogar ein Jagdflugzeug, das vollkommen aus Stahl hergestellt wurde. Ende des ersten Weltkriegs standen die ersten Aluminium-Halbzeuge zur Verfügung. Da Schweißnähte die Struktur schwächten, entwickelte man das Nieten, das bis heute erhalten blieb.

Claude Dornier, Graf Zeppelin und Hugo Junkers entwickelten mit ihren Flugzeugen und Luftschiffen bahnbrechende Leichtbauweisen. Von Hugo Junkers stammten die Wellblechbauweise und die Herstellung von Holmen aus Rohren. Hatte das Aluminium von damals noch fast Reinheitscharakter, so konnten die Aluminiumhütten im Laufe der Jahrzehnte durch Legierungen mit anderen Metallen die für den Flugzeugbau nötigen Eigenschaften wesentlich verbessern. Bis Ende des zweiten Weltkriegs herrschte die Blechbauweise unter Einbeziehung von besonderen steifen Blechprofilen vor.

Erst in den fünfziger Jahren gab es die ersten hochfesten Titanlegierungen. Sie brachten den Flugzeugbau einen weiteren Schritt nach vorne. Dazu kamen etwa zur gleichen Zeit rechnergesteuerte Fräsmaschinen, die automatisch per Tastendruck einen ganzen Arbeitsprozeß in Gang setzten. Dem Flugzeugbau eröffneten sich neue Dimensionen. Die Spanten für die Rumpfschale konnten nun aus vollen Aluminiumblökken gefräst werden. Die Profilform der Stringer für das Längsgerippe wurden kaltgezogen aus dem Aluminiumwerk angeliefert. Da mußte nichts mehr in der Blechzieherei in komplizierten Arbeitsgängen hergestellt werden, und selbst Fräs- und Schmiedeteile aus dem hochfesten Titan konnten zwar unter einigen Mühen, aber dennoch verhältnismäßig leicht die Fertigungseinrichtungen durchlaufen. Chemische Prozesse erlaubten schließlich, Metalle so zu ätzen, daß sie millimetergenau nach vorgegebenen Konturen ihre Endform erhielten, und selbst Stufenätzungen bis zu mehreren Millimeter Tiefe waren möglich. Die Metallbauweise im Flugzeugbau ist dank moderner Fertigungstechniken und neuer moderner Werkstoffe eine der leichtesten Bauweisen überhaupt. In Teilbereichen ist sie durch den Kunststoff kaum zu ersetzen.

Rumpfschalenbau im MBB-Werk Einswarden mit rechnergesteuerten
Nietautomaten.

# Werkstoffe

Zu den Flugzeugwerkstoffen gehören im weitesten Sinne Metalle und Nichtmetalle. Sie unterliegen einer allgemeinen Norm, die zum Beispiel in Deutschland in der Luftfahrt-Norm (LN) zusammengefaßt ist. Nur die in diesem Katalog aufgeführten Werkstoffe dürfen für den Bau von Luftfahrzeugen verwendet werden. Neben den verschiedenen Aluminiumlegierungen werden legierte Stähle und Kunststoffe, die unter Nichtmetalle fallen, besonders häufig verwendet.

## METALLE

Die Gruppe der Metalle teilt sich in Eisenmetalle und Nichteisenmetalle. Häufigste Anwendung finden bei den Eisenmetallen die legierten Stähle. Gußeisen kommt so gut wie überhaupt nicht zur Anwendung. Legierte Stähle werden überall dort verwendet, wo die Strukturen besonders hohen Beanspruchungen ausgesetzt sind. Wellen, Gelenke, Beschläge und Tausende von Kleinteilen wie Splinte, Fokkernadeln, Niete und Bolzen werden aus Stahl, der größtenteils rostfrei ist, hergestellt.

Nichteisenmetalle sind Schwermetalle und Leichtmetalle. Schwermetalle wie etwa Kupfer werden nur an spezifischen Stellen zur elektrischen Energieübertragung verwendet.

Darüber hinaus gibt es noch verschiedene Schwermetall-Legierungen, die speziell im Instrumentenbau eingesetzt sind.

Die wichtigste Gruppe stellen die Leichtmetalle dar. Mehr als 98 Prozent aller metallischen Werkstoffe im Flugzeugbau sind Leichtmetall-Legierungen. Sie sind fast dreimal leichter als Stahl und haben teilweise die gleichen Festigkeitseigenschaften. Nur ihr Preis ist wesentlich höher, nicht zuletzt wegen der enormen Energiekosten für die Herstellung.

## ALUMINIUM

Reinaluminium wird im Flugzeugbau nicht mehr verwendet. Aluminium ist für den Leichtbau erst dann geeignet, wenn man es mit verschiedenen anderen Nichteisenmetallen im Schmelzprozeß verbindet. Der Anteil der zusätzlichen Legierung, wie Kupfer, Zinn, Nickel, Silizium, Magnesium und Lithium, liegt in der Regel nur bei wenigen Prozenten. Er bestimmt aber die Eigenschaften des Werkstoffes bei seiner Bearbeitung und seiner späteren Eignung etwa als Blech, Fräsblock oder Gußteil.

Der Fachmann unterscheidet in Aluminium-Kupfer-, Aluminium-Silizium-, Aluminium-Magnesium-, Aluminium-Zinn und Aluminium-Lithium-Legierungen.

Beim Airbus werden für Bleche die Legierungen AlZnMgCu1,5 und AlCuMg2 verwendet. Frästeile bestehen meistens aus AlZnMgCu1,5 oder AlZnMgCu0,5, die auch geschmiedet werden können.

Zu den interessantesten Legierungen zählt aber die erst jetzt wieder neuentdeckte Aluminium-Lithium-Legierung.

## ALUMINIUM-LITHIUM

Phantastische Geschichten werden von der Superlegierung Aluminium-Lithium erzählt. Richtig ist, daß diese Legierung 1928 von einem deutschen Metallurgen entdeckt wurde, wegen ihrer schwierigen Herstellung aber bis heute nicht zum Einsatz kam.

Aluminium-Lithium hat eine größere Dichte und damit auch eine höhere Festigkeit. Es ist bei gleicher Festigkeit etwa 15 Prozent leichter als konventionelle Aluminiumlegierungen. Seine komplizierte Herstellung macht diesen Zukunftswerkstoff teuer. Für den Serienbau des A320 ist zwar geplant, in erhöhtem Maße Aluminium-Lithium zu verwenden, doch stehen voraussichtlich zu diesem Zeitpunkt noch nicht genügend Mengen zur Verfügung.

# TITAN

Was heute das Aluminium-Lithium für die Flugzeugbauer ist, war früher das Titan. Titan und seine Legierungen weisen gigantische Festigkeitswerte auf. Es ist etwas schwerer als Aluminium, ist aber fast dreimal so fest wie einfach legierter Stahl. Titan wird mit Chrom, Vanadium, Aluminium, Nickel, Kobalt, Stahl und Molybdän legiert. Es ist gegen Spannungskorrosion unempfindlich. Der Einsatz erfolgt wegen seines hohen Preises und seiner sehr schweren Bearbeitung nur an extrem hochbelasteten Stellen (Fahrwerke und andere Krafteinleitungsbeschläge).

Eine Schaufel der ersten Stufe des Hochdruckturbinenbereichs eines Airbus-Triebwerks vom Typ CF6. Das bei der Motoren- und Turbinen-Union (MTU) gefertigte Bauteil besteht aus einer Nickel-, Titan- und Chromlegierung.

# Fertigungstechnologien

Ziviler Flugzeugbau erfordert neben der Qualität und der Sicherheit auch ein hohes Maß an Wirtschaftlichkeit. Flugzeugfabriken alter Prägung könnten hier nicht mehr mithalten. Das Airbus-Programm erfordert ein Umdenken, woraus sich klare Aufgabenteilungen herauskristallisieren, die es erlauben, Spezialisierungen bei den Partnerfirmen, auch auf dem Gebiet der Konstruktion des Flugzeugs, in den Dienst der Wirtschaftlichkeit zu stellen.

Die am Bau der Komponenten beteiligten Werke von MBB (Transport- und Verkehrsflugzeuge), die früher größtenteils eigenständige Fabriken mit großen Namen waren, haben darüber hinaus durch Teilung ihrer Fertigungsstrukturen Bauschwerpunkte gebildet. Auf diese Weise können sich die Werke auf wenige Fertigungsbereiche konzentrieren. Da nun gleichartige Arbeiten für alle Flugzeugprogramme jeweils die gleiche Fertigungsstätte durchlaufen, entstehen durch automatisierte Fertigungseinrichtungen höhere Produktionsausstöße.

So entstanden Fertigungssysteme und Einrichtungen, die dem jeweiligen Bedarf angepaßt werden können. Für die Kleinblechfertigung, für Zerspanungsteile, die Rumpfschalenfertigung und Kunststoffertigung wurden wirtschaftliche Technologien eingeführt.

NC-gesteuertes Biegen von Rahmen und das Verlegen von Leitungsbündeln bis zur automatischen Nietmontage von Rumpfschalen und Teilen von Rumpfsektionen sind Beispiele automatisierter Fertigung. Neue Bearbeitungstechnologien für die Herstellung von Zuschnitten aus faserverstärkten Materialien, Ausgangsstoffe für Kunststoffteile, wurden ebenfalls eingeführt.

Neben diesen Herstellungstechnologien mußte auch eine Anpassung der Prüftechniken an schnelle, sichere und aussagefähige Methoden erfolgen, NC-gesteuerte Meßmaschinen, Ultraschall- und Röntgenprüfung mit automatischer Ausweisung der Prüfergebnisse und moderne Methoden der Materialprüfung runden die automatisierten Fertigungsanlagen ab.

Um diese komplexen und flexiblen Fertigungssysteme und Anlagen in ihren Abläufen und Funktionen richtig im Griff zu behalten und zu jeder Zeit die richtigen Daten an die NC-Steuerungen der Maschinen zu leiten, bedarf es einer umfangreichen Anwendung von Datenverarbeitungs- und Rechnersystemen.

Die Rechnersysteme verwalten Datenbanken und verarbeiten Daten für alle Bereiche im Flugzeugbau. Sie können in einem Verbundnetz zwischen den Partnern im Airbus-Programm Daten austauschen. So entsteht eine Integration, die bei den einzelnen Partnern die Verbindung zwischen Verwaltung, Entwicklung/Konstruktion und der Fertigung bedeutet.

Aus der Konstruktion werden mit Hilfe von grafischer Datenverarbeitung Informationen an die Fertigung weitergegeben, die Grundlage für die Erzeugung von Vorrichtungen oder Daten für die NC-gesteuerten Bearbeitungs- und Meßmaschinen sind.

Die Installation dieser neuen Technologien im Flugzeugbau, die für diese Art der Fertigung und die Integration aller am Bau des Flugzeuges beteiligten Bereiche und Anlagen durch eine Daten- und Informationsbearbeitung, hat wesentlich dazu beigetragen, neben der Verbesserung der Qualität die Wirtschaftlichkeit in der Herstellung von Flugzeugen zu erreichen.

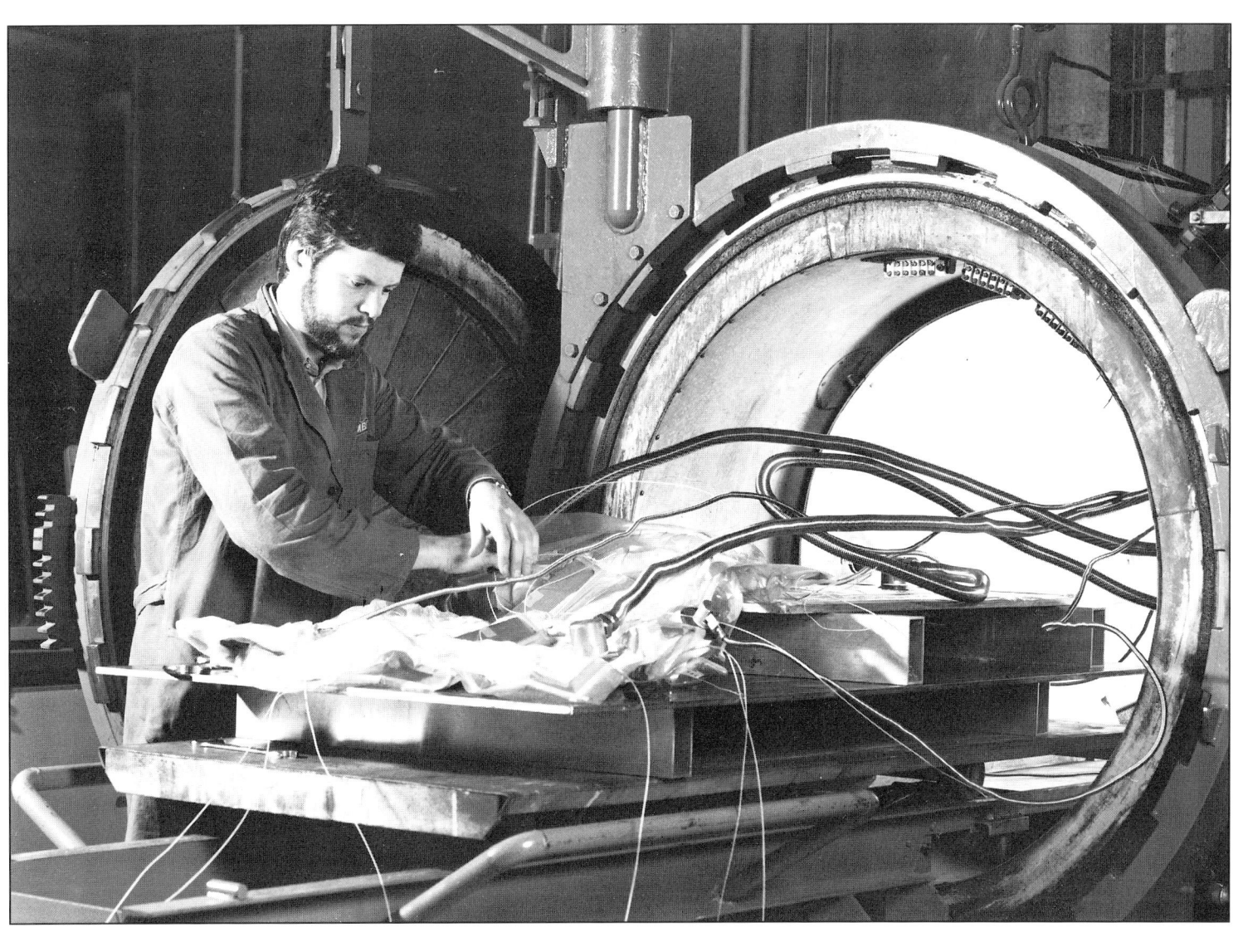

Im Fertigungstechnologie-Labor des MBB-Werkes Hamburg:
Eine Struktur aus Kohlefaser-Verbundwerkstoff (CFK) wird für Versuche
im Autoklaven vorbereitet.

## CIAM-FORMING*

Die weicheren Aluminiumsorten haben ein gutes Fließverhalten. Mit ihnen sind sphärische Verformungen ohne Hinterschneidungen möglich. Bis in die sechziger Jahre wurden in großen Flugzeugfabriken diese Teile noch von Hand mit einem Treibhammer geformt.

Sind Teile mit wiederholender Präzision gefordert, bedarf es einer Mechanisierung oder gar Automatisierung. Das Prägen und Ziehen von Blechteilen über einer Holzform in einer Presse mit einem Gummistempel ist die Lösung. Deshalb lag es nahe, Pressen mit ihrem gesamten Fördersystem zu automatisieren. Für die Herstellung von Blechteilen unter Gummikissen werden sehr hohe Betriebsdrücke benötigt, was zu großen Maschinenanlagen führt.

Im Bremer MBB-Werk arbeitet eine solche Anlage. Der Automatisierungsgrad hat hier ein hohes Maß der Perfektion erreicht. Im Verlaufe der Fertigung werden die Bleche eingangs in Paketen losweise einer Konturfräse zugeführt. Nach einem Computerprogramm werden verschieden zu formende Blechteile so ineinander verschachtelt, daß eine optimale Ausnützung der Bleche gegeben ist. Während der Konturbearbeitung erhalten die Bleche Registrier-Nummern. Aus einem Zwischenlager werden sie später wieder abgerufen und bei 470 Grad lösungsgeglüht. Das auf diese Art und Weise weichgemachte Blech läßt sich nach diesem Prozeß leichter verformen.

Je nach Bedarf wird per Hand eine 1,25 × 2,50 Meter große Palette mit vorbereiteten Positiv-Holzstempeln und den bereits zugeschnittenen Blechen bestückt. Rechnergesteuert rollt die Palette unter die Presse und wird gegen das Gummikissen mit einem Druck bis zu 2500 bar gedrückt. Durch diesen hohen Druck ist die Rückfederung des Bleches sehr niedrig. Nach diesem Arbeitsprozeß ist nur noch eine geringe

Nachbehandlung erforderlich. Die mit diesen Anlagen hergestellten Blechteile benötigen durch den Computereinsatz 60 Prozent niedrigere Durchlaufzeiten. Außerdem werden die Nacharbeiten um 50 Prozent reduziert. Insgesamt werden die CIAM-geformten Teile preiswerter, und die Fertigung hoher Stückzahlen ist problemlos. Die Zeiten der lärmerfüllten Fabrikhallen, in denen Blechteile von Hand hergestellt wurden, sind damit Vergangenheit.

*CIAM-Forming = Computerized Automated Integrated Manufacturing = rechnergesteuerte automatisch arbeitende integrierte Fertigung

Rechnergesteuerter Fräsautomat in der CIAM-Forming-Produktion. Die Blechteile werden aus mehreren übereinanderliegenden Alu-Platten unter hoher Materialausnutzung ausgefräst.

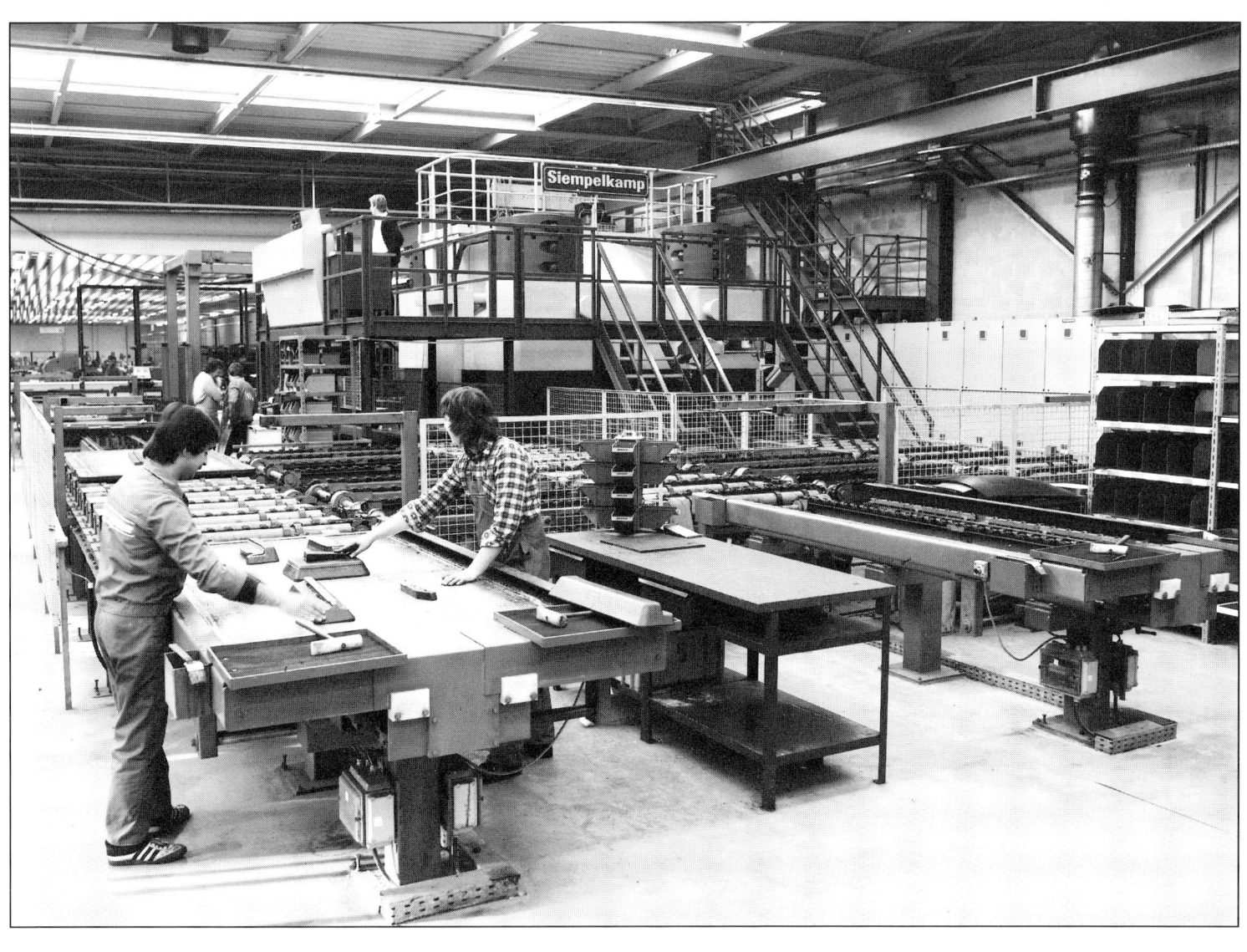

Vor dem Preßvorgang in der Siempelkamp-Presse von
CIAM-Forming werden die Einzelteile auf Umformwerkzeuge gelegt.

## SCHMIEDEN

Hochbeanspruchte Teile bei einem Flugzeug, und dazu zählen Fahrwerkteile, spezielle Führungsschienen, Wellen und Hebel, müssen ihrer Festigkeit wegen geschmiedet werden. Der Schmiedevorgang gibt den Bauteilen einen auf ihre Form ausgerichteten Spannungsverlauf. Zudem erfolgt eine Verdichtung des kristallinen Gefüges. Fahrwerkteile werden zum Beispiel aus Titanlegierungen geschmiedet. Wegen der Zähigkeit des Materials ist das Schmieden von Titanteilen besonders schwierig.

In Gesenkschmieden werden die Werkstücke für den Flugzeugbau mit einer Über- und einer Unterform bearbeitet. Die Pressen arbeiten hydraulisch und formen durch mehrmaliges hammerartiges Absenken mit hohem Druck aus dem Rohling, einem vorgewalzten Metallblock, das in seiner Form gewünschte Schmiedestück.

Zur Bearbeitung werden die Rohlinge vorgeglüht. Die Temperatur ist von der Art der Metallegierung abhängig. Runde Teile, etwa hochbeanspruchte Wellen, werden in Schmiedewalzen gefertigt. Diese Walzen laufen gegeneinander. Kaliber, das sind spezielle Formstücke in den Walzen, bringen dabei das Werkstück nach mehreren Durchläufen auf die gewünschte Form. Geschmiedete Teile müssen nochmals spanabhebend nachbearbeitet werden, was ihre Herstellung wesentlich teurer macht als die anderer Teile.

## FRÄSEN

Computergesteuerte Fräsanlagen zählen zu den faszinierendsten Fertigungseinrichtungen in einem Flugzeugwerk. Das MBB-Werk in Varel ist eine solche moderne Fabrikation. Sie wird über zentrale Rechner gesteuert. Hier sind nur wenige Menschenhände erforderlich, mit Hilfe von Kranen die Rohlinge, seien sie aus Stahl, Aluminium oder Titan, auf das Bett der Fräsmaschine zu heben.

Das Rechenprogramm ist so optimiert,daß es eine Fräs-Genauigkeit von einem tausendstel Millimeter ermöglicht. Der Fräser, im Prinzip ein Bohrer mit vielen Hartmetallschneidflächen, tastet sich drehend an seine Fräsposition heran. Jede seiner Bewegungen wird vom Rechner mitgeteilt. Mit bis zu 9000 Umdrehungen in der Minute arbeitet er sich durch das Material. Die Kühlung kommt mit einer milchig-weißen Flüssigkeit, dem Bohröl. Die anfallenden Späne werden abgesaugt und im Recycling der Schmelze wieder zugeführt.

Frästeile können mit Stegen von einem Millimeter produziert werden. Früher war man gezwungen, diese Teile in aufwendigen Nietkonstruktionen herzustellen. Erst die besseren Legierungen und die modernen NC-Maschinen haben die Herstellung von preisgünstigen Frästeilen möglich gemacht.

Sie können schon vom Konstrukteur an den Stellen optimiert werden, wo Verstärkungen erforderlich sind. Spanten, Träger, Flügelbeplankungen, Führungsschienen und dichtschließende Formstücke sind heute die klassischen Frästeile beim Airbus-Programm. Aber gerade auch im Triebwerkbau ist das präzise Fräsen eine Voraussetzung für höchste Arbeitsqualität.

Auch große Teile werden heute mit Hilfe der NC-Frästechnologie –
wie hier ein Bauteil der A320 bei British Aerospace – gefertigt.

Metallische Flugzeugteile müssen geschützt werden, damit ihre Funktionsfähigkeit nicht durch Korrosion gefährdet wird. Die chemische Behandlung geschieht bei Aluminium durch Abscheiden von Chromaten und Erzeugen von widerstandsfähigen Oxydschichten, bei Stahl durch Phosphatieren, Nickel- und Cadmium-Abscheidung auf Passivien der Oberflächen. Behandlungsanlagen, die automatisch beschickt und genau kontrolliert werden, erzeugen galvanische und chemische Schichten als Haftgrund für Farbe. Als Korrosionsschutz dient Grundlack mit Zinkchromat. Decklack und Dichtmittel sind der Abschluß der Schutzschichten.

Das chemische Abtragen hilft dem Konstrukteur, nur an den Stellen Gewichte einzusparen, an denen die Kräfte, die auf das Teil wirken, es zulassen. Chemisches Abtragen ist eine wirtschaftliche Methode, Material zu bearbeiten. Das Verfahren: Mit Schutzlack und dem Ausscheiden von Schablonen werden die chemisch abzutragenden Flächen markiert. Die Tiefe des Abtragens ist abhängig von der Ätzdauer, sie bewirkt eine Genauigkeit im Materialabtrag von ±0,05 Millimeter. Die Badflüssigkeit ist Natronlauge.

Beim Großflugzeugbau ist dem Schweißen eine untergeordnete Bedeutung zuzumessen, da die Hauptverbindungsart zwischen den Einzelteilen das Nieten ist. In Sonderfällen muß dennoch geschweißt werden. So werden beim Bau des Airbus Versorgungsleitungen sowie Klima- und Enteisungsleitungen aus Titan geschweißt. Für den Airbus A320 wird unter anderem bei MBB die Steuerungswelle für die Landeklappen mit Elektronenstrahl geschweißt. Aber auch beim Fügen von hochwertigen Zerspanungsteilen kommt diese Schweißart zur Anwendung.

Das Elektronenstrahl-Schweißen zählt zu den modernen Schweißverfahren. Der Strahl wird unter Vakuum über ein Wolfram-Band mit einer Spannung von 150 000 Volt erzeugt. Der Schweißvorgang ist ein Verschmelzen von zwei gleichartigen Werkstücken unter Wärme. Dabei muß die Schmelztemperatur des jeweiligen Werkstoffes erreicht werden. Es wird grundsätzlich zwischen Schmelz- und Preßschweißung unterschieden. Werden Werkstücke stumpf aufeinandergeschweißt, so spricht man vom Schmelzschweißen.

Beim Preßschweißen kommen alle Verfahren zur Anwendung, die auf der Erhitzung der Werkstücke durch elektrischen Strom beruhen. Dabei ist kein Schweißzusatz erforderlich. Ganz anders sind die vielen Schweißverfahren einzureihen, die beim Fahrwerkbau und Triebwerkbau angewendet werden. Hier zeigt sich, daß das Schweißverfahren das einzig sinnvolle Verfahren ist, um hochbeanspruchte Teile miteinander zu verbinden. So werden die Fahrwerkbeine aus Titan, soweit erforderlich, an ihren Verbindungsteilen ausschließlich verschweißt. Eine noch größere Bedeutung kommt dem Schweißen im Triebwerkbau zu. Wegen der extrem hohen Belastung sind Niet- und Klebeverfahren hier vollkommen ausgeschlossen. Die Preßschweißung, oder besser Widerstandsschweißung, wird überall dort angewendet, wo Bleche, Verkleidungen, Klappen, Aussteifungen oder Behälter verbunden werden müssen. Dazu kommt das Reibschweißen für Leitungsverbindungen, wie zum Beispiel Rohre. Das Reibschweißen erfordert wie das Widerstandsschweißen elektrische Energie.

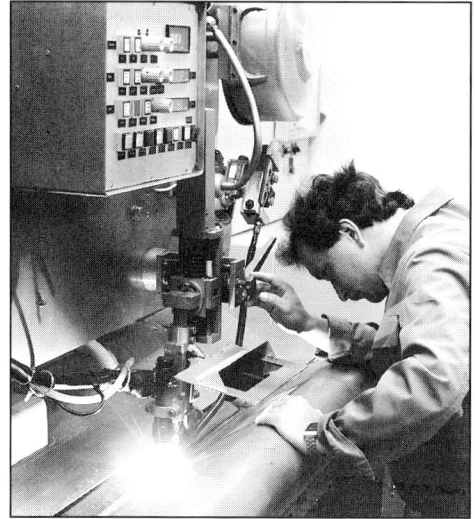

Der Flugzeugbau bedient sich auch der fortschrittlichen Schweißtechnologie wie hier im MBB-Werk Einswarden (rechts).

Chemisches Fräsen heißt der Vorgang, wenn in einem Säurebad Aluminium abgetragen und somit bestimmte Teile einer Fläche dünner werden. Die Teile, die nicht chemisch gefräst werden sollen, erhalten eine Beschichtung mit einer Spezialfolie (rechts).

# Kunststoffbauweise

Verkleidungsteile, Bodenplatten, Ruder, ja selbst ganze Leitwerke lassen sich heute aus Composites herstellen. Composites sind Strukturen, die auf ihren Außenschichten einen Faserverbund-Werkstoff wie etwa Glasfaser mit Kunstharz haben und deren Mittelschicht nur aus einem Stützstoff wie etwa Papierwaben oder Hartschaum besteht. Dabei spielt es keine Rolle, welche Form ein solches Teil bekommen soll, da jede beliebige Formgebung möglich ist. Ausgangsmaterial für ein Composite beim Verkehrsflugzeugbau ist immer ein Prepreg, ein vorgeharztes Material, wie etwa ein Gewebe, eine Matte oder auch nur ein Roving. Das Vorharzen erfordert eine gekühlte Lagerung des Materials vor seiner eigentlichen Verarbeitung, um ein vorzeitiges Aushärten zu verhindern.

Für Großserien werden Stahl- oder Aluminiumformen verwendet. Bei kleineren Stückzahlen und bei besonders großen Abmessungen kommt man auch mit Kunststoffformen aus. Die Formen wurden vorher aus einem Positiv abgeformt. Um einer solchen Form eine genügend lange Standfestigkeit zu verleihen, muß sie nach jedem Abformprozeß feinstens gesäubert werden. Eine Trennschicht, etwa aus

Wachs, verhindert ein Ankleben des zu formenden Bauteils. Wie in eine Sandform wird das Prepreg eingelegt. Bei schwierigen Bauteilen erfolgt dies per Hand. Bei großen Flächen, wie bei den Seitenruderschalen, werden im Stader MBB-Werk die Gewebelagen von einer NC-gesteuerten Maschine eingelegt. Da in den meisten Fällen das Gewebe, auch wenn es diagonal verlegt wird, nicht die nötige Steifigkeit erbringt, werden Stützstoffe wie Waben aus Aluminium, Papier oder Kunststoff oder Hartschäume eingelegt. Das Schneiden dieser Stützstoffe erfordert eine hohe Präzision. Erste Erfahrungen konnte MBB bei der Herstellung der Bremsklappen in dieser Bauweise machen. Beschläge, das zeigte sich schon hier, müssen in die Struktur eingelegt werden. Dabei entstanden Sonderformen zum formschlüssigen Einbetten in die Gesamtstruktur.

Wesentlich höher beanspruchte Teile, wie das gesamte Leitwerk für die A320, werden ebenfalls in der Composite-Bauweise hergestellt. In den meisten Fällen werden Prepregs aus Kohlefasern verwendet. Nur untergeordnete Strukturen stellt man aus Glasfaserprepregs her. Neben der Kohle- und Glasfaser wird auch noch die Aramidfaser verwendet. Strukturen mit Aramidfaser-Gelegen sind im Nasenbereich der Leitwerke und in speziellen Verkleidungen zu finden.

Primärstrukturen, in Zukunft vielleicht auch Teile des Flügels, müssen ähnlich wie Metallstrukturen mit Verstärkungen aufgebaut werden. Dabei hat sich eine von MBB entwickelte modulare T-Träger-Bauweise als besonders günstig erwiesen.

Hierbei werden, zunächst einzeln, um teilbare Blöcke Kohlefaserpre-

pregs U-förmig angelegt. Ihre Aneinanderreihung unter starker Verkeilung ergibt in der Struktur die U-Träger. Zusammen mit der Grundschale haben solche Teile eine noch höhere Festigkeit als Metall-Nietkonstruktionen. Das Aushärten der Composite-Teile erfolgt in einem Ofen unter Vakuum. Autoklaven werden solche Öfen genannt, die wie die Kessel alter Dampflokomotiven aussehen. Bei 170 bzw. 120 Grad Celsius wird mehrere Stunden »gebacken«. Das vorgehärtete Harz härtet dabei vollständig aus und verbindet sich in einem kurzzeitigen Fließvorgang auch mit den Nachbargelegen.

CFK-Strukturen halten auch Blitzeinwirkung stand. Besonders gefährdete Stellen werden mit Kupfermatten ausgekleidet und über Massekabel mit der Hauptstruktur verbunden. Ihre Lebensdauer kann mit der konventioneller Strukturen gleichgesetzt werden.

Geschäftsreiseflugzeuge und Segelflugzeuge werden schon heute vollkommen aus CFK gefertigt. Eine endgültige Einführung in den Großflugzeugbau setzt noch Erfahrungen voraus, die jetzt schrittweise gemacht werden.

Das Seitenleitwerk des Airbus A310-300 wird aus Kohlefaser-Verbundwerkstoff (CFK) gefertigt. Das Bild zeigt eine fertige CFK-Struktur des 9 Meter hohen Leitwerkkastens ohne Nase und Ruder im MBB-Werk Stade (rechts).

# Kleben

Die Klebetechnik im Flugzeugbau ist jung. Geklebte Bauteilverbindungen werden als sogenannte unlösbare Verbindung ausgeführt. Klebeverbindungen sind an den Stellen angebracht, an denen große Flächen miteinander verbunden werden müssen. Die Flugzeugbauer unterscheiden zwischen dem Naß- und Trockenkleben. Häufigste Anwendungsart im Airbus-Programm ist die Trockenklebung. Dabei besteht das Klebemittel aus einem nahezu trockenen Klebefilm, der unter Einwirkung von Hitze und Druck die zu verbindenden Teile zusammenbringt. Besonders Metalle werden mit dieser Technik zusammengefügt. Prägnantes Beispiel dieser zukunftsweisenden Technik ist das Verkleben von Rumpf-Schalenblechen. Sie bilden die Außenhaut der Airbusse.

Das sorgsame Vorbereiten der Klebeflächen ist Voraussetzung für die geforderte Lebensdauer. Die Bleche werden zu diesem Zweck einem gründlichen Reinigungsprozeß unterzogen. Es erfolgt sogar ein leichtes Anbeizen mit verdünnter Schwefelsäure und Natriumbichromat in ebenfalls verdünnter Form. Säurerestbestände werden mit einer Seifenlauge weggespült. Ein weiterer Beizvorgang erfolgt mit einer Ätznatronlauge, die ebenfalls wieder klargespült wird.

Die so vorbereiteten Bleche sind nach einem Trocknungsvorgang verarbeitungsfähig. Ähnlich wie CFK-Teile werden die Bleche mit einer Ansaugfolie überzogen und für den »Backprozeß« im Autoklaven vorbereitet. Die Luftabsaugung unter der Folie ermöglicht ein gleichmäßiges Anpressen der zu verbindenden Teile.

Während das Schneiden der Klebefolien mittels NC-gesteuerter Maschinen weitgehendst automatisiert ist, bleibt das Einlegen in die Blechschalen geschickten Handwerkern überlassen. Sollen Wabenteile aus Kunststoff oder Metall mit homogenen Flächen verbunden werden, so wird in Einzelfällen die Naßklebetechnik verwendet. Wichtigster Arbeitsgang in der Klebetechnik ist die Kontrolle der verklebten Bauteile. Lufteinschlüsse und nicht benetzte Flächen können zur späteren Zerstörung des Bauteiles führen.

Einfachste Methode zur Feststellung von Fehlern ist die Kontrolle mit Ultraschall. Aufwendiger ist die Überprüfung mit Röntgengeräten. Metallklebungen, wie sie von Anfang an beim Airbus angewendet werden, halten extremen Kälte- und Hitzebelastungen stand. Sie können zudem hohen mechanischen Belastungen ausgesetzt werden. Metallklebungen haben den großen Vorteil, daß man mit ihnen aufwendige Nietverbindungen ersetzt. Hochbelastete Strukturen werden dagegen auch weiterhin in konventioneller Nietbauweise hergestellt.

Im Autoklaven werden die geklebten Teile der Rumpfschalenbleche
unter Hitze und Druck zusammengebracht.

Nach dem Abkühlprozeß verläßt eine Seitenleitwerksschale den
»Backofen«, den sogenannten Autoklaven, in dem die Struktur aus
Kohlefaser-Verbundbauweise (CFK) ihre feste Form erhält (oben).

Die Automation beherrscht den Schalenbau bei MBB. Mit hoher
Präzision und Wiederholgenauigkeit arbeiten die rechnergesteuerten
Nietautomaten (links).

In der Sechsachsen-Umriß-Bohr- und Fräsmaschine entstehen hier
Rumpfschalen mit den Fensterausschnitten (oben).

Auf einer der modernsten Fräsanlagen der Welt wird bei
British Aerospace in Chester die Beplankung für den A310-Flügel
hergestellt (rechts).

Ausrüstung des Rumpfes mit Isolationsmaterial (oben).

Nach der Montage des Airbus-Rumpfes letzte Kontrollen am
Druckspant, einem Bauteil, das die Kabine vom Heck des Flugzeugs trennt (70/71).

# Eine europäische Idee

Wird über europäische Erfolge und das Europa von morgen gesprochen, zitieren Politiker, Industrielle und auch Journalisten gerne Airbus Industrie als ein Paradebeispiel. Wie erfolgreich diese Kooperation inzwischen arbeitet, machen die Erfolge des Airbus deutlich. Die Vorherrschaft der Amerikaner auf dem Zivilflugzeugmarkt hat dieses europäische Flugzeug gebrochen. Was ist Airbus Industrie heute?

Am Anfang gab es eigentlich nur eine Handvoll Leute bei den Partnerfirmen, die am Airbus-Programm arbeiteten. Es waren Mitarbeiter der französischen Aerospatiale, der Deutschen Airbus GmbH, stellvertretend für vier deutsche Firmen, die später MBB zugeordnet wurden, der britischen Hawker Siddeley, die inzwischen von British Aerospace übernommen wurde. CASA in Spanien und Fokker in den Niederlanden kamen später hinzu. — Soweit die Verhältnisse, wie sie sich Ende der sechziger Jahre, genauer am 29. 5. 1969, als das A300-Programm anlief, stellten.

Aus Erfahrungen mit früheren Gemeinschaftsprogrammen, beispielsweise der Entwicklung des deutsch-französischen Militärtransporters Transall oder des anglo-französischen Überschall-Verkehrsflugzeuges Concorde, hatte man gelernt, daß es notwendig ist, ein effizientes Management aufzubauen. Im Verlauf der Entwicklung der Concorde zeigte sich, daß eine Projektleitung mit Hilfe von Komitees nicht effizient war. Es wurde endlos über den nächsten Schritt diskutiert, und die beteiligten Vertreter aus Industrie und Regierungen verteidigten aus-

schließlich die Interessen ihrer Seite. Das eigentliche Programm kam dabei ins Hintertreffen. Auf der anderen Seite erschien eine Lösung, bei der einer der beiden Hauptpartner die Führung übernimmt, für die anderen Beteiligten nicht akzeptabel. Die logische Folge aus diesen Erfahrungen mußte die Schaffung einer unabhängigen Gesellschaft sein, die im Auftrag der beteiligten Firmen und Länder das Programm leitet. Entsprechend ihres Programmanteiles sind alle Partner über die Organisation, die als ausübendes Organ wiederum die Partner repräsentiert, vertreten. Gleichzeitig ist die neue Gesellschaft auf technisch-fertigungsspezifischer Ebene im Namen aller Partner für ein globales Marketing, den Verkauf und den Kundendienst der Flugzeugprogramme verantwortlich. Damit ist die Gesellschaft der einzige Ansprechpartner für die Airlines.

Airbus Industrie begann seine Tätigkeit mit wenigen Experten der jeweiligen Partnerfirmen, die man als Männer der ersten Stunde bezeichnen darf. Als sie zu Airbus Industrie kamen, spielten ihre nationalen Interessen eine untergeordnete Rolle. Sie identifizierten sich mit dem europäischen Airbus. Ihr Interesse galt der gemeinsamen Aufgabe.

In einem modernen Bürogebäude in Blagnac, einem Stadtteil von Toulouse, im Süden Frankreichs, sind gegenwärtig 1100 Mitarbeiter bei Airbus Industrie beschäftigt, von denen rund 65 Prozent direkt von den Partnern abgestellt werden. Weitere 200 Mitarbeiter arbeiten bei Aeroformation, einer Tochter der Airbus Industrie. Sie ist das Ausbildungszentrum für Besatzungen, Instruktoren und Wartungsspezialisten.

Insgesamt arbeiten bei Airbus Industrie 15 Nationalitäten. Es sind

hauptsächlich Mitarbeiter des mittleren und höheren Managements. Etwa 50 Prozent sind mit Tätigkeiten betraut, die direkt mit den Kunden zu tun haben. Davon sind 230 im Verkauf und 290 im Kundendienst beschäftigt.

Etwa 270 Angestellte arbeiten in der Entwicklung. Zu ihrer Aufgabe gehört es, die Entwurfs- und Entwicklungstätigkeiten der Partnerfirmen zu koordinieren.

Verkauf- und Marketing-Teams unterbreiten auch den Airlines Vorschläge für die Innenausstattung des Airbus. Ein Teil der Entwicklungsabteilung ist für die Testflüge verantwortlich, ein anderer für alle Zulassungsprogramme.

Die Fertigungsleitung, in der 65 Mitarbeiter tätig sind, kümmert sich um die marktorientierte Produktionsrate. Sie sind außerdem damit betraut, die Ergebnisse ihrer Tätigkeiten auch an die Partnerfirmen weiterzuleiten und sicherzustellen, daß die Flugzeuge rechtzeitig fertiggestellt werden.

Als dritter Bereich ist das Finanz- und Verwaltungswesen für alle Angelegenheiten zur Steuerung des Kapitals zu nennen.

Mit Hilfe einer großen Zahl kleiner Büros in aller Welt wird das weltweite Airbus-Programm in Fluß gehalten. Diese Büros sind in Tokio, Singapore und Montreal. Speziell für den amerikanischen Markt wurde noch die Airbus-Tochter AINA mit Sitz in New York gegründet. Dazu kommt noch das Ersatzteilzentrum Airspares in Hamburg mit kleineren Töchtern in Hongkong und Washington.

Die Airbus-Mitarbeiter wissen, daß ihre Tätigkeit eine ständige Herausforderung ist und daß es ein Machtkampf ist, den man bestehen muß.

In Toulouse-Blagnac befindet sich der Sitz
von Airbus Industrie. In dem modernen
Bürogebäude sind zur Zeit 1100 Mit-
arbeiter beschäftigt. Etwa 65 Prozent der
Belegschaft kommen von den
Partnerfirmen.

# Aerospatiale

Aerospatiale ist heute der größte französische Luft- und Raumfahrtkonzern. Seine Geschichte geht bis in die Anfänge der Fliegerei zurück. Da tauchen Namen auf wie Louis Bleriot, Morane Saulnier, Potez, Farman, Coudron, Mauboussin, Nieuport, Marcel Bloch und Dewoitine. Aus diesen kleinen Firmen wurden neue Gruppen gebildet. Letzter Aufkauf in die Aerospatiale-Gruppe war der Kauf der Firma Morane-Saulnier, die heute als selbständige Tochter unter SOCATA firmiert. – Eine wechselvolle Geschichte, wie man sieht.

Durch die Zusammenlegung von Sud Aviation mit Nord Aviation im Jahre 1970 wurde Aerospatiale mit knapp 40 000 Mitarbeitern, jedoch mit einem höheren Jahresumsatz als der deutsche Luft- und Raumfahrtkonzern MBB, zu einer der bedeutendsten Firmen überhaupt.

Dies ist im wesentlichen auf den hohen Exportanteil zurückzuführen. Aerospatiale besteht aus mehreren Bereichen. Die Flugzeug-Division kann auf eine traditionsreiche Geschichte zurückblicken. Sud Aviation war die Firma, die Frankreichs erstes Strahlverkehrsflugzeug Caravelle baute. In den fünfziger Jahren entwickelt, ist dieses Flugzeug noch heute im Einsatz. Die gleiche Firma baute in den sechziger Jahren dann zusammen mit den Engländern das einzige westliche Überschall-Verkehrsflugzeug, die Concorde.

In 17, über ganz Frankreich verstreuten Werken ist das Unternehmen heute tätig. Den Hauptanteil haben die Flugzeugwerke, in denen 13 800 Mitarbeiter beschäftigt sind. Mit 37,9 Prozent ist das Unternehmen an Airbus Industrie beteiligt. Die Werke Les Mureaux, Saint Nazaire, Nantes und Toulouse sind heute die Standbeine der Airbus-Fertigung in Frankreich. Toulouse-Saint Martin hat für Airbus Industrie die Endmontage übernommen. Hier läuft auch die Fertigung der Transall und des neuen Zubringer-Verkehrsflugzeugs ATR 42.

Aerospatiale liefert das Cockpit, Teile des Rumpfmittelstückes, den Bug und die Triebwerkpylons und ist auch für die Endmontage zuständig.

Viele der Mitarbeiter haben schon am Bau der Caravelle und der Concorde mitgewirkt. Aerospatiale hat eigene Windkanäle und betreibt Konstruktionsbüros, in denen schon Entwicklungen für das Jahr 2000 betrieben werden. In Frankreich ist der Airbus zu einem nationalen Prestigeobjekt geworden, und so wird dort der Airbus auch als ein französisches Flugzeug angesehen.

Die Endmontagelinie beim Airbus-Partner Aerospatiale in Toulouse.

# Messerschmitt Bölkow Blohm

MBB, der größte deutsche Luft- und Raumfahrtkonzern als deutscher Airbus-Partner (37,9 Prozent), hält seine Airbus Industrie-Beteiligung über die Deutsche Airbus GmbH (DA), eine 100prozentige Tochter mit Sitz in München. MBB beschäftigt 35 000 Mitarbeiter in den Unternehmensgruppen Flugzeuge, Raumfahrt, Wehrtechnik sowie Transport- und Verkehrsflugzeuge (UT). Die Unternehmensgruppe UT ist für das Airbus-Programm verantwortlich. Dieses Programm ist gleichzeitig Schwerpunkt der UT-Aktivitäten, außerdem wird hier an den Programmen Transall C 160, F 28, Fokker 100 und am Tornado-Programm mitgearbeitet.

UT ist im Norden der Bundesrepublik angesiedelt und ist aus den Vereinigten Flugtechnischen Werken (VFW) in Bremen, Lemwerder, Einswarden und Varel sowie dem Hamburger Flugzeugbau in Hamburg-Finkenwerder und Stade hervorgegangen. Hier arbeiten rund 13 000 Menschen. Nach der 1981 erfolgten Fusion zwischen VFW und MBB wurden in einer Strukturbereinigung Aufgabenschwerpunkte geschaffen, wobei ähnliche Produktionsweisen an jeweils einem Standort zusammengefaßt wurden. In diesem Zusammenhang hat UT in den letzten Jahren 500 Millionen DM investiert und durch modernste Maschinen einen im Flugzeugbau bis dahin nicht gekannten Automatisierungsgrad erreicht. Mit dieser Anlagenkapazität kann UT auf Marktschwankungen sehr flexibel reagieren und ist einerseits in der Lage, bis zu 90 Großraumflugzeuge im Jahr zu fertigen, kann aber andererseits auch bei einer erheblich geringeren Ausbringung wirtschaftlich produzieren. Hamburg-Finkenwerder, Leitungssitz der Unternehmensgruppe, gleichzeitig mit 5500 Mitarbeitern der größte Standort, ist Sitz von Entwicklung, Verwaltung und Produktion. Hier werden die aus den anderen Werken angelieferten Einzelteile zu den Airbus-Rümpfen montiert, diese mit allen flugtechnischen Systemen ausgerüstet und auf ihre Flugfähigkeit überprüft an Toulouse ausgeliefert. Außerdem werden hier die in Toulouse endmontierten und flugfähigen, aber noch innen leeren Airbusse mit der gesamten Innenausstattung versehen.

Im Werk Bremen, ebenfalls Sitz eines Teiles von Entwicklung und Verwaltung, werden Einzelteile aus Blech vollautomatisch hergestellt und umgeformt sowie die Flügel aller Großraum-Airbusse mit den Systemen und beweglichen Teilen ausgerüstet und flugtechnisch überprüft an Toulouse ausgeliefert.

Das Werk Varel bearbeitet alles, was sich zerspanen läßt. Dort werden Bauteile aus Aluminium, Stahl- oder Titanplatten herausgefräst, und dort entstehen auch die Windkanalmodelle für die aerodynamischen Untersuchungen der Entwicklungsabteilungen.

Im Werk Einswarden werden aus großen Aluminiumblechen durch Streckziehen, Umrißfräsen, chemisches Abtragen, Metallkleben und automatisches Nieten die Rumpfschalen hergestellt.

Das Werk Stade hat sich auf den Bau von Kunststoffteilen spezialisiert. Hier werden Spoiler und das Seitenleitwerk aus Kohlefaserverbundwerkstoffen (CFK) gefertigt. Lemwerder ist ein Wartungswerk. Das Werk konzentriert sich auf die Wartung ziviler und militärischer Flugzeuge sowie auf Umrüstungen (Airbus, Transall, C 160, Lockheed L-1011 usw.).

Die Gebäude einiger Werke stammen teilweise noch aus der Vorkriegszeit. In den Hallen ist die Fertigung heute hochmodern. Lemwerder, Bremen und Finkenwerder haben eigene Start- und Landebahnen. Bremen besitzt Flughafenanschluß. MBB fertigt im wesentlichen für den A300 Rumpfvorderteil und Heck, Seitenleitwerke und Klappen. MBB rüstet die Flügelkästen mit allen Systemen aus, ist für die Innenausstattung verantwortlich und unterhält im Auftrag von Airbus Industrie das zentrale Ersatzteillager »Airspares«. Am A310-Programm ist MBB zusätzlich mit der Herstellung der äußeren Landeklappen und der äußeren Spoiler beteiligt. Eine nochmalige Verschiebung der Bauanteile hat sich für den A320 ergeben. Hier konzentrieren sich die Bauanteile auf eine durchgehende Rumpfsektion vom Flügelkasten bis zum Heckkonus sowie die Landeklappen. Dazu kommt ebenfalls wieder die Innenausstattung. Der Entwicklungsbereich der Unternehmensgruppe ist vor allem im Bereich Aerodynamik, Systemtechnik sowie Bauweisen und Werkstoffe verantwortlich.

Das MBB-Werk Hamburg-Finkenwerder.

# British Aerospace

British Aerospace ist mit 79 000 Beschäftigten der größte an der Airbus Industrie beteiligte Konzern. Er hat aber innerhalb der Airbus Industrie nur einen Anteil von 20 Prozent. Auch die Engländer können auf eine traditionsreiche Geschichte zurückblicken. Mit der Entwicklung des ersten Düsenverkehrsflugzeugs der Welt, der Comet, setzte Großbritannien schon 1952 die Zielrichtung zukünftiger Verkehrsfliegerei. Franzosen, Russen und Amerikaner entwickelten erst später erste Strahlverkehrsflugzeuge. Die englische Trident war zum Beispiel das erste vollblindlandefähige Flugzeug der Welt. Nicht zu vergessen natürlich auch die französisch-englische Zusammenarbeit an der Concorde. England konnte seit jeher gute Flugzeuge bauen. Doch ähnlich wie die Franzosen waren auch die Engländer nicht in der Lage, ihre Produkte auf dem amerikanischen Markt abzusetzen.

Der Zusammenschluß aus alten namhaften Firmen, wie Hawker Siddeley, Handley Page, De Havilland, Farey, Bristol und Armstrong, um nur einige zu nennen, zu einem Staatskonzern mit dem Namen British Aerospace war unumgänglich, wenn man weiterhin vom Flugzeugbau profitieren wollte. Hawker Siddeley wurde übrigens 1975 als letzte Firma in den Konzern aufgenommen. Hawker Siddeley stieg schon zu Anfang der Airbus-Entwicklung als Privatunternehmen in das Airbus-Geschäft ein. Die Verstaatlichung dieser Firma führte dann zu einer direkten Beteiligung der British Aerospace an der Airbus Industrie, die in jüngster Zeit wieder privatisiert wurde. British Aerospace baut die Geschäftsreiseflugzeuge Jetstream 31 und HS 125. Es fertigt das Zubringerflugzeug HS 748 und den vierstrahligen Jet BAe 146. Der Hawk und der Harrier gehören neben der Beteiligung am Tornado-Programm zu den erfolgreichsten Militärflugzeug-Konstruktionen. Weitere Bereiche beschäftigen sich mit Lenkwaffen und Raumfahrtprogrammen.

In Chester, Filton und Hatfield werden heute Flügelgruppen und ganze Flügel für sämtliche Airbus-Typen hergestellt.

Das Werk Chester des englischen Airbus-Partners British Aerospace.

# CASA

CASA ist die Abkürzung für Construcciones Aeronauticas S.A. In fünf Werken, je zwei in Madrid und Sevilla sowie eines in Cadiz, sind heute rund 9500 Mitarbeiter beschäftigt. Mit 4,2 Prozent ist die spanische Firma CASA der kleinste Airbus-Partner.

Die Firma CASA bewahrt eine lange, traditionsreiche Geschichte. 1923 gegründet, baute man in Madrid Dornier-Flugboote, die Ju-52, die Breguet XIX und verschiedene Bücker-Schulmaschinen. Im CASA-Motorenwerk entstanden zudem viele deutsche Flugmotoren in Lizenz.

Das erste nahezu eigenständige Projekt war die CASA-212 Aviocar mit zwei Propellerturbinen und anschließend der Jet-Trainer C-101. Mit den Erfahrungen des Utility-Flugzeugs C-212 begann Anfang der achtziger Jahre die Entwicklung der CN 235 gemeinsam mit der indonesischen Firma Nurtanio.

Bereits in den sechziger Jahren entstand ebenfalls durch Lizenzabkommen mit MBB eine sehr enge Zusammenarbeit. Mit Start des A320-Programms kam es zu einem Technologietransfer. Die bei MBB sehr weit fortgeschrittene Kunststofftechnologie läuft bei CASA in den Bau des Höhenleitwerks des A320 ein.

CASA fertigte bereits von Anfang an für alle Airbus-Typen die Höhenleitwerke. Daneben entstehen je nach Typ auch kleinere Baugruppen wie Türen, Klappen, Verkleidungen oder, wie im Falle A320, sogar Rumpfschalenteile. Da alle Airbus-Baugruppen jeweils dem neuesten technologischen Stand entsprechen, hat CASA ebenfalls wie alle anderen Partner die Fertigungseinrichtungen auf den modernsten Stand gebracht.

CASA-Baugruppen werden wie von allen anderen Partnern mit dem Transportmittel Super-Guppy nach Toulouse geflogen und kommen dort zur Endmontage.

Im Werk CASA, Madrid, werden neben Großbauteilen, wie das Höhenleitwerk, auch Komponenten wie Airbus-Türen gefertigt.

# General Electric

General Electric ist der zweitgrößte Strahlturbinen-Hersteller der westlichen Welt. 35 000 Mitarbeiter sind in neun Werken sowie in zwei Teststationen beschäftigt. Dazu kommen noch weitere fünf kleinere Betriebe, einer davon in Singapore. Hauptsitz von General Electric ist West Lynn in Massachusetts/USA. Das Unternehmen wurde 1934 gegründet. In einer Convair XP81 wurde das erste flugtüchtige Triebwerk von General Electric unter der Typbezeichnung T31 erfolgreich im gleichen Jahr erprobt. Eines der ersten Strahltriebwerke in großer Stückzahl war bei General Electric das J79 für den Starfighter und Phantom. Die deutsche Firma MTU erhielt später dafür die Lizenzrechte. Militärische Entwicklungen bestimmten auch in den Folgejahren bei General Electric den Produktionstrend. 1966 erprobte General Electric das GE4, ein Triebwerk für ein amerikanisches Überschallverkehrsflugzeug. Die Entwicklung wurde aber wieder eingestellt. 1965 begann dann die Entwicklung von Triebwerken für die neue Generation der Großraumflugzeuge. Zunächst war eine Größenordnung von 14 bis 16 Tonnen Schub angestrebt. Unter der Bezeichnung CF6 wurde die Entwicklung der Zweiwellenturbine mit einem Turbofan vorangetrieben. Verschiedene Airlines orderten 1968 die ersten Großraumflugzeuge DC-10 und Boeing 747, die das CF6 erhalten sollten.
Aber schon zu dieser Zeit wurde ein höherer Schub verlangt. Das unter der Typbezeichnung CF6-6D zur Serie entwickelte Triebwerk wurde noch 1968 ersten Tests unterzogen. 1970 flog dann zum erstenmal eine DC-10 mit diesem Triebwerk. Airbus Industrie wurde auf das Triebwerk aufmerksam, und es kam zu einer Weiterentwicklung für den ersten Airbus.
Dieses neue Triebwerk erhielt die Typbezeichnung CF6-50A. Parallel hierzu interessierten sich aber auch Boeing und McDonnell-Douglas für das inzwischen schubstärkere CF6. Airbus Industrie entschied sich, nachdem Rolls Royce aus dem Entwicklungsprogramm für ein Airbus-Triebwerk ausgeschieden war, dann für das CF6-50 mit 22,25 Tonnen Schub. Die MTU wurde 1972 in das multinationale Bauprogram für dieses Triebwerk mit einbezogen und hat einen Anteil von rund 10 Prozent am CF6.
Die Leistung des Triebwerks wurde in der Folgezeit unter der Typbezeichnung CF6-80C2-A auf 24,9 Tonnen Schub erhöht. Im gegenwärtig produzierten A300-600 wird diese Version jetzt eingebaut.
Unter der Typbezeichnung CF6-80A1 wird das Triebwerk für die A310 mit einem Schub von 21,3 Tonnen gefertigt. Die neue Version A310-300 wird mit dem CF6-80C hergestellt.
Die Endmontage der Triebwerke für Airbus Industrie erfolgt bei SNECMA in Frankreich und bei General Electric in Cincinnati in den USA.

Testarbeiten an einem Airbus-Triebwerk vom Typ CF6-80A im Werk Evendale von General Electric, USA.

# Pratt & Whitney

Pratt & Whitney ist ein altes, renommiertes Unternehmen. 1925 als Pratt & Whitney Aircraft gegründet, kann es auf eine lange Geschichte zurückblicken. Heute ist das Unternehmen der größte Hersteller von Gasturbinen.

41 000 Mitarbeiter arbeiten in East Hartford/Connecticut, dem Stammsitz des Unternehmens, sowie in Florida und Kanada. Es ist heute ein Tochterunternehmen der United Technology.

Besonders die bewährten Sternmotoren kamen aus dem Hause Pratt & Whitney. Pratt & Whitney-Motoren waren ebenso in Liberator-Bombern wie in den DC-4, die in der Luftbrücke nach Berlin flogen. Die erste Strahlturbine mit der Bezeichnung J57 flog in der B-52 im Jahre 1952. Sehr erfolgreich wurde Pratt & Whitney mit seiner Propellerturbinen-Serie.

Mit der JT3 D-3 stieg das Unternehmen bei der Boeing 707, dem ersten amerikanischen Langstrecken-Jet, in das Zivilgeschäft ein. Sämtliche weitere Boeings, wie die 727, die 737, die 747, die 757 und 767, werden ebenfalls mit Pratt & Whitney-Turbinen ausgerüstet. Zwischenzeitlich, 1958, baute Pratt & Whitney mit 15 Tonnen Schub das damals stärkste Strahltriebwerk mit Nachverbrennung. Der andere große Kunde wurde McDonnell-Douglas. Fast sämtliche Flugzeuge ab Baureihe DC-8 fliegen mit Pratt & Whitney-Strahlturbinen.

Den Einstieg in die Turbofan-Familie mit hohem Nebenstrom-Verhältnis machte Pratt & Whitney mit der JT9D, die auf einer Ausschreibung der amerikanischen Luftwaffe für einen Transporter von 1961 basierte. In einer B-52E flog 1968 zum ersten Mal ein JT9D, und ein Jahr später wurde das Triebwerk bereits an der Boeing 747 installiert. Als JT9D-3A leistete es einen Schub von rund 20 Tonnen.

Unter der Typbezeichnung JT9D-59A flog sie 1978 zum erstenmal in einem Airbus A300B2, was auch gleichzeitig den Einstieg bei Airbus Industrie bedeutete. 1982 wurde die JT9D-7R4-Serie für den A310 ausgewählt.

Neben zahlreichen anderen Programmen ist Pratt & Whitney noch an der Fertigung des PW2037 beschäftigt. Dieses Triebwerk treibt die Boeing 757 an. Ein Schwerpunkt liegt auch auf der Entwicklung und Fertigung militärischer Strahltriebwerke wie etwa für die F-15 und F-16. Zusammen mit Rolls Royce, MTU, FIAT und den Japanern entschloß sich Pratt & Whitney 1983, das »kleine« Triebwerk V2500 für die A320 zu entwickeln und zu bauen.

Die konstante Weiterentwicklung des JT9D führte schließlich zur Neuentwicklung des PW4000, das später die A300-600 antreiben soll.

Am hochmodernen Düsentriebwerk für die A320, vom Typ V2500, werden bei Pratt & Whitney Montage- und Testarbeiten ausgeführt.

# Motoren und Turbinen Union (MTU)

Unter den Triebwerkspartnern nimmt die MTU einen kleinen, aber sehr bedeutsamen Platz ein. 1969 aus den Firmen Daimler-Benz AG und M.A.N. AG neugegründet, blickt sie auf eine traditionsreiche Geschichte zurück, da M.A.N. zum einen nach dem zweiten Weltkrieg einen eigenen Triebwerksbereich aufbaute und zum anderen den BMW-Triebwerksbau übernahm. Daimler-Benz und BMW hatten schon in der Vorkriegszeit ganz bedeutenden Anteil an der Entwicklung der Strahltriebwerke, denn nachdem der Engländer Frank Wittle 1930 ein Patent für das erste Strahltriebwerk angemeldet hatte, setzten selbstverständlich auch in Deutschland die ersten Entwicklungen ein, wie das Beispiel des Heinkel-Triebwerks HeS3 zeigt. Die Entwicklung des BMW 003 wurde 1939 begonnen und führte 1944 zur Serienreife für die Arado 234 und die Heinkel He 162. 1942 entwickelte Daimler-Benz sein erstes Strahltriebwerk, das bereits ein Zweistromtriebwerk war. Nach dem Krieg entstand 1954 eine BMW-Studiengesellschaft für Triebwerksbau mit dem Ziel, einen neuen Triebwerksbau zu gründen. Es kam 1957 zur Gründung des BMW-Triebwerksbau. 1958 wurde die M.A.N.-Turbomotoren GmbH gegründet, und 1960 begann im heutigen MTU-Werk in München die Lizenzproduktion für die Starfighter-Triebwerke. 1965 übernahm M.A.N. den BMW-Triebwerksbau und gründete die MAN Turbo GmbH.

Schließlich kam es 1969 zur Formierung der heutigen MTU mit Sitz in München. Im gleichen Jahr noch wurde die Turbo-Union für die Entwicklung des Tornado-Triebwerkes gemeinsam mit Fiat und Rolls Royce gegründet.

1972 beteiligte sich die MTU an der Fertigung des CF6-Triebwerkes, das unter anderem für den Airbus bestimmt ist. Dieses Triebwerk deckt bei der MTU die oberste Schubklasse ab. Daneben ist das Unternehmen an den Triebwerken Larzac 04, JT8D-200, PW2037 sowie für die Wellenturbinen MTM 385 und Tyne beteiligt.

Die neueste Entwicklung ist das V2500 für den Airbus A320. Die MTU gründete 1978 für den Service von zivilen Großtriebwerken die MTU Maintenance GmbH in Hannover-Langenhagen. Die MTU Friedrichshafen entwickelt, fertigt und vertreibt im wesentlichen Dieselmotoren im Leistungsbereich von rund 400 kW bis über 7000 kW sowie elektronische Steuerungsanlagen für Antriebe.

Mehr als 12 000 Mitarbeiter sind in München, Friedrichshafen und Hannover bei der heute 100prozentigen Tochter der Daimler-Benz AG beschäftigt.

1983 gründeten Pratt & Whitney, Rolls Royce, der japanische Hersteller JAEC und Fiat Aviazione zusammen mit MTU die IAE (International Aero Engines AG) mit Sitz in Zürich für die Entwicklung, Fertigung und Vermarktung des V2500 mit rund 10 Tonnen Schub. Der MTU-Anteil beträgt 12,1 Prozent. Das Münchener Unternehmen, das schon die Niederdruckturbine des Triebwerkes PW2037 alleinverantwortlich entwickelt hat und produziert, ist beim V2500 wieder für die Entwicklung und Fertigung der Niederdruckturbine verantwortlich.

Für Airbus Industrie heißt das, bei den Triebwerkspartnern einen Lieferanten zu haben, für den es gilt, das Made in Germany zu garantieren. Der Qualitätsanspruch, der sich dahinter verbirgt, ist aber natürlich auch oberstes Ziel der anderen Partnerfirmen.

Wo die ersten deutschen Strahltriebwerke entwickelt wurden, ist heute der Sitz der MTU – München.

# Die Zulieferindustrie

## LIEBHERR-AERO-TECHNIK

Liebherr-Aero-Technik ist ein junges dynamisches Unternehmen mit den Schwerpunkten Fahrwerks-, Steuerungs- und Klimatechnik. Das in Lindenberg im Allgäu beheimatete Unternehmen beschäftigt 800 Mitarbeiter. Als unabhängige, 100prozentige Tochter des Liebherr Baumaschinen-Konzerns ist der Luftfahrt-Bereich, gemessen am Umsatz, eher ein bescheidenes Unternehmen.

Liebherr-Aero-Technik wurde erst 1960 gegründet. Man spezialisierte sich in der Anfangszeit auf die Wartung von Flugzeugen, ergriff aber schon früh auch die Initiative zu Eigenentwicklungen.

Unter anderem ist das Unternehmen an der Entwicklung und am Serienbau für Bugradlenkungen der Do 228 beteiligt. Die Beteiligung am Airbus-Projekt von Ende der sechziger Jahre an war einer der wichtigsten Schritte auf dem Weg zum heutigen Programm-Spektrum. So wurden in Kooperation mit der englischen Firma Lucas Aerospace die Antriebssysteme der Vorflügel- und Landeklappen für die A300B2 entwickelt und für den A310 und A300-600 mit Lucas Aerospace und GEC Avionics unter der Federführung von Liebherr-Aero-Technik nach neuesten technologischen Erkenntnissen weitergeführt. Beim A320 liefert Liebherr neben anderen Systemen eine Stelleinheit für das Seitenruder.

Zusammen mit der Firma ABG Semca in Frankreich fertigt Liebherr erstmals auch ein komplettes Klimasystem für den A320.

Bei allen Flugzeugen der Airbus-Familie ist die Liebherr-Aero-Technik mit dem Bugrad-Fahrwerk, als Lizenzbau von Messier, vertreten.

Die hohe Investitionsbereitschaft brachte dem Allgäuer Unternehmen in den letzten Jahren auch lukrative Aufträge ins Haus. Aus dem einstigen Betreuer ist eine Systemführungsfirma geworden.

## MESSIER-HISPANO-BUGATTI

Messier-Hispano-Bugatti ist ein auf Fahrwerke spezialisiertes Unternehmen. Mit der englischen Firma Dowty und Liebherr Aero Technik wird unter Messiers Verantwortung das komplette Fahrwerk für den Airbus hergestellt. Messier ist mit 8000 Beschäftigten in Frankreich angesiedelt.

Die Firma hat jahrzehntelange Erfahrung auf dem Fahrwerkssektor. So wurde unter anderem bei Messier auch das Fahrwerk für die Concorde entwickelt. Und es gibt eigentlich keine französische Flugzeugkonstruktion ohne ein Messier-Fahrwerk.

Das Fahrwerk für den Airbus ist so ausgelegt, daß es einer ständigen Wechsellast von 800 000 Kilometer Rollstrecke standhält. Die Fahrwerksbeine sind wegen der hohen Belastung aus Titan geschmiedet. Die Bremsen sind auf extrem hohe Temperaturen ausgelegt, ein Grund für den Einbau von Kohlefaser-Bremsscheiben.

Die Messier-Bremsen sind mit Sensoren bestückt und geben über das ECAM-System ihren jeweiligen Temperaturzustand an. Die Reifen schließlich, die 22 Lagen Textil haben, halten bis zu 250 Landungen aus, bevor sie zu einer Runderneuerung kommen. Ein Anti-Blockiersystem sorgt zudem für einen optimalen Bremsvorgang. Das Fahrwerk- und Bremssystem des Airbus zählt zu den modernsten Systemen seiner Art.

Die Firma Liebherr-Aero-Technik ist Zulieferer wichtiger Funktionsteile, vor allem auf dem Gebiet der Hydraulik.

## BODENSEEWERK

Die Bodenseewerke haben ihren Sitz in Überlingen. Sie entstanden aus einer Entwicklungsgruppe der Berliner Askania-Werke. 1950 wurde das Unternehmen verselbständigt. 1954 übernahm die Perkin-Elmer Corporation aus den USA die Mehrheit des Unternehmens. 1960 wurde das Bodenseewerk Gerätetechnik innerhalb der Bodenseewerke gegründet, das sämtliche Aktivitäten auf dem Luftfahrtsektor einschließlich der Entwicklung und Herstellung von Flugkörpern übernahm. Heute bestehen die Werke aus vier zusammengehörigen Einzelfirmen mit unterschiedlichen Arbeitsgebieten. Im Unternehmensverband sind insgesamt 2300 Personen beschäftigt.

Das Bodenseewerk Gerätetechnik knüpfte schon in den sechziger Jahren sehr enge Kontakte zur Firma SFENA in Frankreich. Es kam zur Lizenzfertigung von Kreiseln und Horizonten. Parallel hierzu entstanden in Eigenentwicklung Kreiselgeräte und Navigationssysteme.

Ebenfalls in den sechziger Jahren wurden die ersten Flugregler entwickelt und gebaut. Mit den Reglern für alle deutschen Senkrechtstarter wurde der Einstieg in diese Technologie gemacht. Der Vortriebsregler des Bodenseewerks Gerätetechnik für die Lufthansa-Boeing 707 war ein erster Schritt zur automatischen Landung.

Neben vielen militärischen Programmen beteiligte sich das Entwicklungsteam des Bodenseewerks aber auch an Entwicklungen für den Airbus. 1970 erfolgte hierfür der Startschuß. Unter der Systemführung der Firma SFENA entwickelte und fertigte das Bodenseewerk den Vortriebsregler und das Trimmsystem für den A300.

Die Umstellung der Analogtechnik auf die Digitaltechnik reduzierte die Anzahl der Flugregelungs-Computer von sechzehn auf fünf. Diese werden heute in die A300-600 und A310 eingebaut. Einer dieser Computer, der Thrust-Control-Computer (TCC), der den Schub regelt, stammt ebenfalls aus dem Bodenseewerk. Für die A320 entwickelt und liefert das Unternehmen in Zusammenarbeit mit Garrett das digitale Regelsystem für die Hilfsturbine (APU) und in Zusammenarbeit mit der Firma SFENA ein »intelligentes Panel« zur Bedienung des Flugführungssystems.

Das Bodenseewerk Gerätetechnik gilt in Deutschland als das führende Unternehmen auf dem Flug- und Triebwerkregelungssektor.

Prüfung des Schubsteuerrechners für den Airbus im Labor der Firma Bodenseewerk.

## SFENA

SFENA ist ein Staatsunternehmen mit 2900 Mitarbeitern in Paris und Chattelrault, einer kleinen Stadt nahe der Atlantikküste. Die Firma wurde von Anfang an damit beauftragt, die Systemführung für den Flugregelungssektor der Airbus Industrie zu übernehmen.

Es kam dabei zu einer engen Zusammenarbeit mit Smith in England und dem Bodenseewerk Gerätetechnik. SFENA hat im wesentlichen dazu beigetragen, die Umstellung von dem analogen Dreimann-Cockpit auf das digitale Zweimann-Cockpit zu ermöglichen. Dieser erste Schritt gewährleistet auch die Anwendung der Fly-by-wire-Technik im A320. Für die A300-600 und die A310 werden von SFENA selbst die Automatic Flight Computer (FCC) und die Flight Augmentation Computer (FAC) mit Steuergruppen und sonstigen Unterbaugruppen geliefert. Im Oktober 1983 erhielten die beiden Airbus-Typen die Blindlandefähigkeit nach Kategorie III b.

Neben den standardmäßig ausgerüsteten Cockpits bietet SFENA noch ein Flugleistungs-Führungssystem und ein Wiege- und Schwerpunktfeststellungs-System an. Die einst vollen Computergestelle sind nach Ansicht von SFENA heute schon Vergangenheit. Allein die Umstellung von der A310 auf die A320 bringt eine Reduzierung des Gewichts und des Volumens von 50 Prozent bzw. 56 Prozent, und der Leistungsbedarf wird um 60 Prozent gesenkt werden können.

## VDO LUFTFAHRT GERÄTE WERK

Das VDO Luftfahrt Geräte Werk ist eine selbständige Tochter des Kraftfahrzeug-Instrumenten-Herstellers VDO. Mit Triebwerk-, Flugwerk- und Flugüberwachungsgeräten, einschließlich Navigationsgeräten und Sichtdarstellungsgeräten, hat die VDO ein Standbein in der zivilen und militärischen Luftfahrt.
Das Unternehmen beschäftigt heute 900 Mitarbeiter in seinem Frankfurter Werk. Durch einen Kooperationsvertrag mit dem französischen Elektronik-Riesen Thomson-CSF erhielt VDO Ende der siebziger Jahre die Chance zum Einstieg in das Airbus-Programm.
Für das EFIS und ECAM System liefert VDO die für die Displays zugehörigen Symbolgeneratoren. Auf den Bildschirmen, auch CRTs genannt, werden die Bilder mit einer Bildwechselfrequenz von 70 Hz erzeugt. 300 000 winzige Öffnungen lassen dabei den Elektronenstrahl auf den Bildschirm treffen und aufleuchten. Seine Intensität ist jedoch so groß, daß er selbst grellstes Sonnenlicht, das in das Cockpit kommen kann, überstrahlt. Die Ansteuerung der vier jeweils rechts und links im Cockpit positionierten CRT's erfolgt über je drei Symbolgeneratoren. Jeder Generator hat zwei unabhängig voneinander arbeitende Rechner. Der eine verarbeitet die Eingangsmeßwerte, der andere wird zur Erzeugung der Symbole verwendet. Eine Fehlerüberwachung stellt sicher, daß nur fehlerfreie Bilder dargestellt werden. Die farbige Bilddarstellung erlaubt eine wesentlich bessere Übersicht.
VDO fertigt neben diesen selbstentwickelten Generatoren auch das dazugehörige automatische Prüfgerät zur Überprüfung des Wetterradars, des Diskret Simulators, des Flight Management Simulators und des ARINC 429 Simulators. Für die A320 kommt ein verbessertes System zur Anwendung.

## THOMSON-CSF

Thomson ist mit 40 000 Mitarbeitern eine der größten Elektronik-Firmen in Frankreich. Thomson-CSF hat die Systemverantwortung für das EFIS und ECAM System, der elektronischen Anzeigen im Cockpit zur Flugüberwachung. Zudem wird von Thomson die Electronic Flight Control Unit (EFCU) hergestellt. Es besteht dabei eine enge Zusammenarbeit mit dem deutschen Hersteller VDO. Thomson liefert darüber hinaus auch komplette Flugsimulatoren für die verschiedenen Airbus-Typen. Das sehr frühe Vorgehen des französischen Herstellers, CRT's in die Cockpits zu bringen, forderte zu einer etwas späteren Zeit die Amerikaner heraus, ebenfalls hierfür Entwicklungen zu betreiben. Unter Piloten, die beide Systeme kennenlernen konnten, wird das deutsch-französische System bevorzugt.

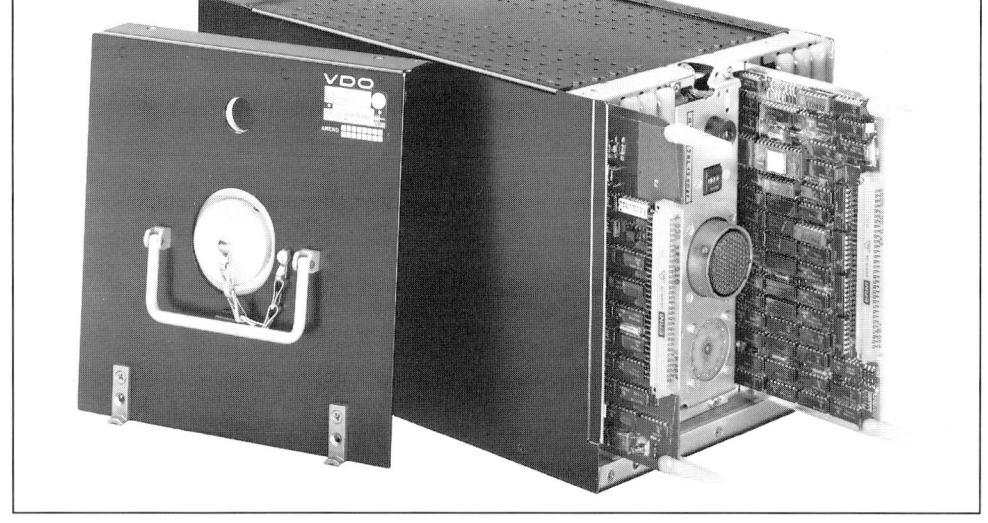

VDO Luftfahrt Geräte: Modular aufgebaute Symbolgeneratoren liefern Bilder für die Display-Gruppen im Cockpit.

# Weitere Unterlieferanten

Neben den großen Firmen, die die Airbus Industrie mit Hauptkomponenten wie Triebwerken, Fahrwerken und wesentlichen Baugruppen für das Cockpit beliefern, gibt es noch eine ganze Reihe weiterer Firmen, die mit Aufträgen bedacht werden.

Litef in Freiburg, eine Tochter der Litton-Company in den USA, zum Beispiel liefert zusammen mit eigenen Komponenten das Navigationssystem für den Airbus.

Honeywell, ebenfalls ein amerikanisches Tochterunternehmen, in Frankfurt ansässig, ist zusammen mit der Mutterfirma in den USA seit Beginn am Airbus-Programm mit dem kompakten Sensorsystem beteiligt.

Nahezu alle Sende- und Empfangsanlagen im Airbus sind aus amerikanischer Produktion. Nicht zu vergessen die Hilfsturbine von Garrett, die im Heck des Flugzeuges als ein autonomes Kraftwerk die gesamte Energieversorgung sicherstellt.

## FOKKER

Das in Amsterdam beheimatete Unternehmen Fokker zählt zu den ältesten Luftfahrtindustrien der Welt. Allein 130 verschiedene Flugzeugtypen wurden bei dieser Firma entwickelt. Auf dem Sektor der Kurzstrecken-Flugzeuge geringerer Kapazität gilt das Unternehmen als Marktführer. Fokker ist ein sehr traditionsreiches Unternehmen, das bereits 1919 gegründet wurde. Mit 9400 Mitarbeitern wird primär an eigenen, neuen Programmen wie Fokker 50 und Fokker 100 gearbeitet. Daneben laufen noch die Serien F27 und

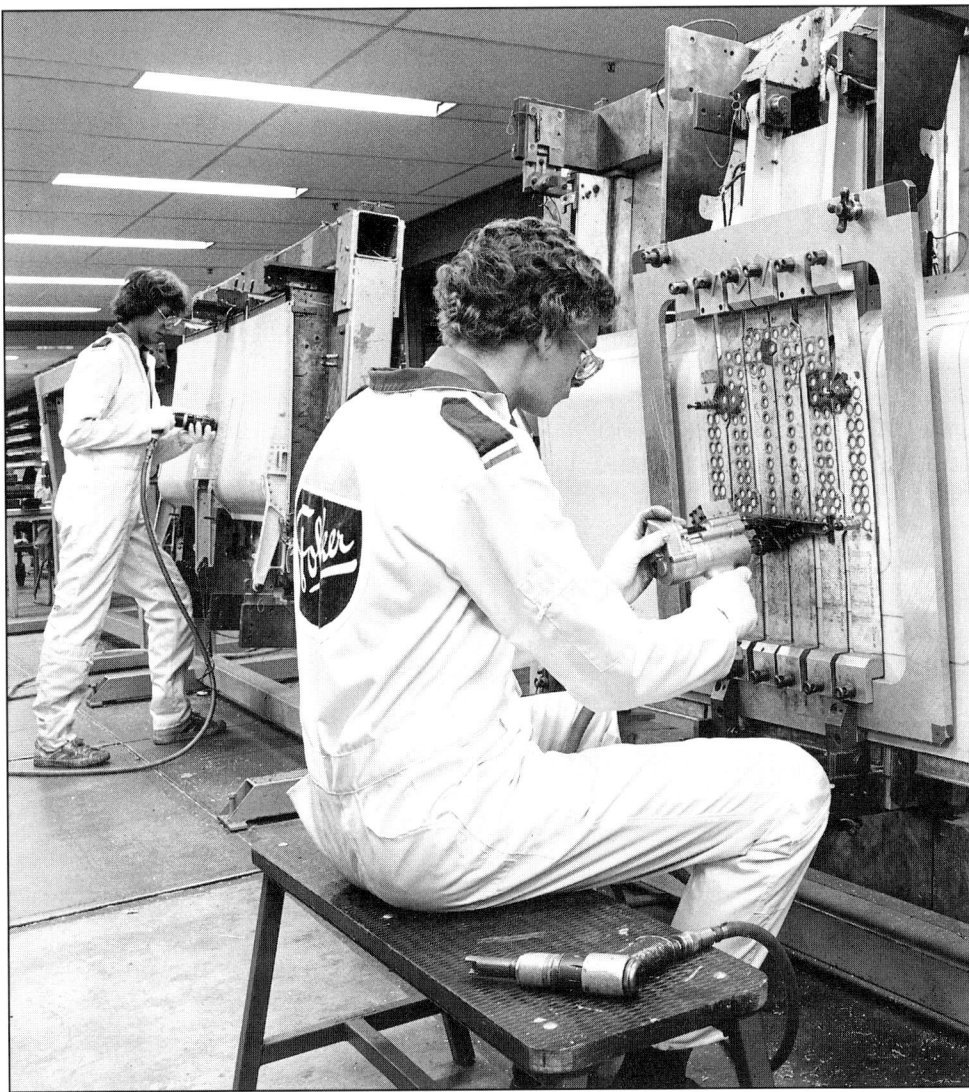

F28 sowie Lizenzbauten der F16 und Zulieferprogramme zu Shorts 330 und 360. Das Raumfahrt-Programm mit Beteiligungen an der Ariane und verschiedenen Satelliten runden Fokkers Aktivitäten ab. Die holländische Firma ist zu einem erheblichen Teil am Airbus Programm als assoziierter Partner beteiligt. Allein am A300-600 sind es mit Bremsklappen, Radverkleidungen und der Flügelspitze 5,7 Prozent des Gesamtvolumens. Fokker stellt vornehmlich Teile aus CFK her. Am A310-Programm sind die Produktionsanteile geringer.

Fokker in Amsterdam liefert als assoziierter Partner Teile für das Airbus-Programm.

## DORNIER

Die Firma Dornier, von Professor Claude Dornier gegründet, ist eine der traditionsreichsten Luft- und Raumfahrtfirmen der Welt. Claude Dornier prägte das Unternehmen durch die epochemachenden Flugboote. Die Do X und der »Wal« zählten mit zu den berühmtesten Flugzeugen der Luftfahrtgeschichte. Nach dem Krieg wurde das in Friedrichshafen am Bodensee und München ansässige Unternehmen durch das einmotorige Kurzstartflugzeug Do 27 bekannt. Es folgten die zweimotorige Skyservant, Hubschrauber-Lizenzprogramme und als größtes Projekt in Zusammenarbeit mit Dassault-Breguet der Alpha-Jet.

Derzeit arbeiten in Friedrichshafen und in den zwei Münchner Werken 9500 Mitarbeiter. Hauptprogramm ist die Commuter-Utility Flugzeugserie Dornier 228, die sich innerhalb weniger Einsatzjahre bereits weltweit gut eingeführt hat.
Neben dem Flugzeug-Programm ist die Reparaturwerft mit umfangreichen Systemintegrations- und Service-Arbeiten an zivilen und militärischen Programmen beteiligt. Satelliten-Programme, Beteiligungen am Spacelab und Projekten im Hochtechnologie-Bereich zeichnen das Unternehmen besonders aus.

Dornier fertigt und entwickelt heute im Unterauftrag mit voller Risikobeteiligung für die Deutsche Airbus GmbH zahlreiche Komponenten der A300-600 und A310. Dazu gehören unter anderem Rumpfsektionen und innere Landeklappen, einschließlich der Landeklappenwagen für die A310, sowie der Druckspant für die A300-600.
Die Bauanteile erhöhen sich an der A320 durch die Entwicklung und den Bau von Fräs- und Blechteilen für die Sektion 15, den Heckkonus und die äußere Landeklappe. Insgesamt ist Dornier vorläufig mit rund 5,7 Prozent an der laufenden deutschen Airbus-Fertigung beteiligt. Hauptanteilseigner der Dornier-Werke ist seit dem Jahre 1985 die Daimler-Benz AG.

Dornier baut zahlreiche Komponenten
für den Airbus. Hier entstehen
Druckspante für die A300-600.

## PILATUS FLUGZEUGWERKE

Mit 870 Mitarbeitern ist das in Stans in der Schweiz beheimatete Flugzeugwerk eines der kleinsten Unternehmen, das am Airbus-Programm beteiligt ist. Pilatus gehört zum Bürle Oerlikon-Konzern. Gleichzeitig sind sie 100prozentiger Eigner der englischen Gruppe Pilatus-Britten-Norman. Pilatus ist auf einmotorige Trainings- und Arbeitsflugzeuge spezialisiert. Die PC-7, ein Flugzeug, das sich bei vielen Luftwaffen weltweit als Schulflugzeug im Einsatz befindet, zählt neben dem berühmten Pilatus-Porter zu den erfolgreichsten Flugzeugen des eidgenössischen Unternehmens. Die Nachfolgerin der PC-7, die PC-9, befindet sich jetzt ebenfalls in Produktion.

Die hohe Qualität, für die die Pilatus-Werke bekannt sind, sicherte eine Beteiligung am Airbus-Programm. So werden unter anderem für die A310 Teile des Heckkonus und verschiedene Flügelteile hergestellt. Eine ähnliche Beteiligung ist auch für die A320 vorgesehen.

## FLUGZEUG- UND FAHRZEUG-WERKE ALTENRHEIN

Die Flugzeug- und Fahrzeugwerke Altenrhein (FFA) wurden 1924 als schweizerisches Tochterunternehmen von Dornier gegründet. Dort wurde auch die berühmte Do X gebaut. Am Südufer des Bodensees

gelegen, sind dort heute 2200 Mitarbeiter beschäftigt. Nach zahlreichen Lizenzprogrammen und dem Trainer Bravo, der bei zahlreichen Airlines als Schulflugzeug verwendet wird, ist das Unternehmen hauptsächlich nur noch auf nichtluftfahrtgebundenen Gebieten tätig. Modernste Fertigungsanlagen machen die FFA aber als Unterlieferant so attraktiv, daß auch dort zahlreiche Komponenten für das gesamte Airbus-Programm hergestellt werden.

## ALLEIN BEI MBB 5500 UNTER-LIEFERANTEN

Monaco und Luxemburg zählen zu den kleinsten Lieferländern, die im Unterauftrag von MBB am Airbus-Programm partizipieren. Die Schweiz nimmt aber hinter der Bun-

Pilatus Flugzeugwerke liefern unter anderem Teile des Hecks für die A310.

desrepublik den fünften Rang ein, und selbst Österreich ist mit stattlichen Summen im Unterauftrag beteiligt.

Mit 66 Prozent des Gesamt-Fremdbestellwertes läßt MBB jedoch bundesdeutsche Firmen am Airbus-Geschäft teilhaben. Zu den Bestellpositionen zählen rund 240 000 Einheiten. Größte Vertragsfirma ist da wiederum die Firma Liebherr Aero Technik. Es sind aber auch Firmen wie Siemens, Sell Aviation, Otto Fuchs, Mannesmann, Diehl, AEG, Hamburger Gaswerke, Kaiser Aluminium, BBC, IBM, 3 M Deutschland, Langenthal, Schindler, Kabelwerke Reinshagen und auch unbekanntere Unternehmen wie Kopperschmidt, Brunken, Kamax, Lindemann, TDS und Hagemann beteiligt, um nur einige zu nennen.

Sie alle liefern Ausgangsmaterialien, Kleinteile, Stoffe, Kabel und Verbindungsteile, Lampen, Bodenbeläge und genormte Schrauben.

Die deutsche Industrie, aber auch die ihrer Nachbar- und Partnerländer arbeiten so eng zusammen, daß man das Airbus-Programm mit Recht als internationales Programm bezeichnen darf.

So wie MBB Aufträge auch in die USA, nach Großbritannien und Frankreich vergibt, so kommen sie auch in umgekehrter Richtung von den Partnern British Aerospace, Aerospatiale, CASA und den Triebwerksfirmen in den USA nach Deutschland zurück.

Rumpfmontage im MBB-Werk Hamburg (rechts).

Im Werk Chester von British Aerospace entstehen Flügel für den Airbus.

Bei dem Airbus-Partner CASA in Spanien werden die Höhenleitwerke
für alle Airbus-Typen gebaut.

Im MBB-Werk Bremen werden die Flügel der Großraum-Airbusse mit
allen beweglichen Teilen wie Klappen und Vorflügel ausgerüstet.

Nach der Endausrüstung der Flügel im MBB-Werk Bremen: Kontrolle
und Funktionstest der eingebauten Systeme.

Montage einer Rumpfsektion bei Aerospatiale in St. Nazaire.

Vermessen einer Turbinenscheibe des Airbus-Triebwerks CF6.

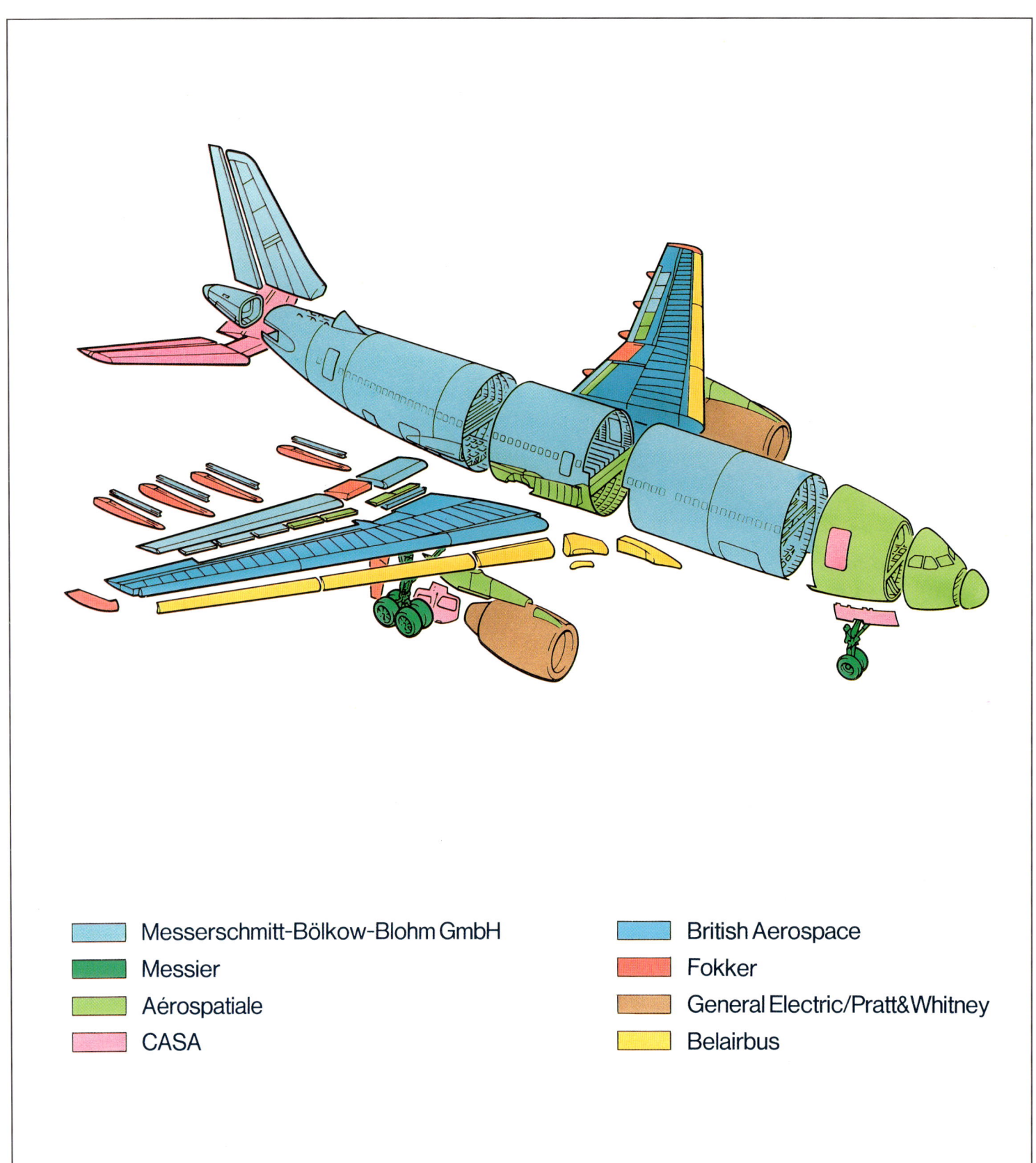

| | Messerschmitt-Bölkow-Blohm GmbH | | British Aerospace |
| --- | --- | --- | --- |
| | Messier | | Fokker |
| | Aérospatiale | | General Electric/Pratt&Whitney |
| | CASA | | Belairbus |

## Herstellen der Baugruppen

Die Grundkonzeption des Airbusses basiert auf einer Modulbauweise. Rumpf und Flügel werden nicht aus einem »Guß« wie ein Segelflugzeug hergestellt, denn dafür wären die Dimensionen zu groß. Man bedient sich heute der Modulbauweise, die selbst kleine Einheiten zuläßt. Standardisierung trägt zu diesem System bei.

Wollen mehrere Partner an einer Rumpfsektion mitarbeiten, bedarf es einer Vereinheitlichung. Da schon in der Konstruktionsphase ein Austausch der Computerdaten über das CAD/CAM-System erfolgt, ist von Anfang an die technische Verständigung gegeben.Die Rumpfdurchmesser und die (jeweils abweichenden) Spantendurchmesser sind exakt vorausberechnet. Das gleiche gilt für Bleche und Niete, Klebestellen und Befestigungsbohrungen.

Rumpfsektionen, die in Toulouse in der Endmontage zusammenkommen, passen auf den Zehntel-Millimeter genau zusammen.

Gleiches gilt für den Flügel. Zwar wird dieser bei einem Partner nahezu komplett gefertigt, doch aufgrund der Bauaufteilung an alle Partner wird ein Teil der Ausrüstung, und dazu gehören die gesamten Klappensysteme, bei anderen Partnern oder gar im Unterauftrag hergestellt. Auch hier ist ein absolut genaues Zusammenpassen der Teile unerläßlich. Bauabweichungen dürfen sich nur in sehr engen Toleranzfeldern bewegen. Diese Abweichungen liegen selbst bei einem Rumpfdurchmesser von 5,64 Meter im Zehntel-Millimeter-Bereich.

Problemlos ist auch die Fertigung der Baugruppen aus CFK. Mit dem neuen Werkstoff treten zwar weniger Temperaturausdehnungsprobleme auf, dafür wird aber immer alles in einem Stück »gebacken«. Die Vormontage der Baugruppen, wie etwa der eines Seitenleitwerks der A310 oder A320, muß von Anfang an stimmen. Hier werden große Anforderungen an die Werkzeuge, aber auch an die Mitarbeiter gestellt, die mit diesen Aufgaben betraut werden.

Die am Airbus-Programm beteiligten Firmen sind teilweise gezwungen, um ihre eigene Fertigung kontinuierlich auszulasten, Arbeiten, sprich Baugruppen, im Unterauftrag zu vergeben. Gemeint ist hier nicht etwa die Herstellung von Bordcomputern oder irgendwelcher Antriebe, sondern kleine in sich geschlossene Baugruppen, die unter Umständen von einem anderen Hersteller sogar preiswerter gefertigt werden können, weil er bessere Maschinen dafür besitzt. Die Vergabe von Aufträgen an Nicht-Airbus-Länder schafft aber auch auf lange Zeit Vertrauen und eine gewisse Bereitschaft, sich auch bei zukünftigen Flugzeugkäufen für das Produkt Airbus zu entscheiden.

Wenn heute Teile des Airbusses durch Bauvergabe von British Aerospace in Australien hergestellt werden, so ist das für die Engländer nur eine Frage des Preises. Die Qualität muß einem Standard entsprechen, den man nicht unterlaufen kann. Ein europäisches Flugzeug bleibt der Airbus trotz allem. Es wird nicht in Inch und Fuß, sondern wie vereinbart in Millimeter und Meter gerechnet.

Bauaufteilung der A310 mit Airbus-Partnern und Hauptlieferanten (links).

# Wie der Rumpf gebaut wird

Die Herstellung der Rumpfsektionen für den Airbus zählt zu den faszinierendsten Fertigungsprozessen im Flugzeugbau. Sowohl Rumpfschalen der A300 als auch die der A310 werden, wie in Zukunft auch die der A320, bei MBB im Werk Einswarden gefertigt. Die Produktion läuft nahezu vollautomatisch.

Großflächige Rumpfschalen herzustellen, erforderte früher einen sehr hohen Produktionsaufwand. Das Runden und sphärische Verformen sowie das Nieten mit Spanten und Stringern waren früher mit hohem Personalaufwand verbunden.

Um eine Automatisierung zu realisieren, war es erforderlich, die gesamte Fertigung umzustellen. Der Produktionsablauf erfordert rechnergesteuerte Maschinen, die speziell bei MBB entwickelt wurden. Zwischenlager, als Puffersystem, sind über eine Hängebahn – sowie ein fahrerloses Transportsystem – miteinander verbunden.

Mittelpunkt in der 11 000 Quadratmeter großen Fertigungshalle in Einswarden bei Bremen sind Automaten, die die einzelnen Bleche runden oder sphärisch verformen, sie mit Clips und Stringern verbinden und mit größter Präzision durch automatisches Nieten verbinden. Die Niete werden mit einer Geschwindigkeit von 80 Nieten pro Minute in die vorgebohrten Bleche gesetzt. 10 × 3,50 Meter können die einzelnen Schalen groß sein.

Die Automaten arbeiten 5achsig. Die in ihnen vorgefertigten Schalen werden zwei anderen Nietautomaten zugeführt, die 6achsig arbeiten können. Hier werden die Spanten

Montagearbeiten an einer Rumpfschale.

eingenietet und geben den Schalen die hohe Steifigkeit. Bevor die Flügelschalen nach Hamburg zur Rumpfsektionsmontage transportiert werden, gehen sie, wie auch die zwischengelagerten Einzelteile, wieder in ein Pufferlager. In Hamburg erfolgt dann die Endmontage mit Hilfe eines NC-gesteuerten Nietautomaten.

Die Steuerung des gesamten Fertigunssystems erfolgt über einen in Einswarden installierten Großrechner. Er kalkuliert den gesamten Produktionsablauf, steuert die Maschinen und Transportsysteme und sorgt für die Materialbereitstellung. Ein Fertigungsleitstand gestaltet den Produktionsablauf übersichtlich wie bei einem Gleisbildstellwerk der Bundesbahn.

Die auf diesem Fertigungssystem hergestellten Rumpfsektionen weisen eine höhere Genauigkeit als manuell gefertigte Baugruppen auf. Neben ihrer wirtschaftlichen Fertigungsmethodik hat die Anlage auch den Vorteil, daß sie jederzeit dem Produktionsbedarf angepaßt werden kann. Es können dabei ohne weiteres auch andere Flugzeugtypen zwischenzeitlich gefertigt werden. Für Automaten und Fördersysteme ist der Arbeitsfluß ohne Bedeutung, denn, wenn es gefordert wird, könnten sie auch rund um die Uhr arbeiten.

Für die Bedienung der Produktionsanlagen werden hochqualifizierte Kräfte benötigt. Fortschritt, das heißt hier Automatisierung, ist auch human, wie es sich am Beispiel der Rumpfschalenmontage zeigt.

Der Rumpf bildet eine geschlossene Einheit, dennoch wird er unterschiedlich belüftet und beheizt. Das Unterdeck ist vom eigentlichen Passagierdeck durch eine Zwischendecke getrennt.

Montage des vorderen Rumpfteiles der A320 im Werk St. Nazaire von Aerospatiale.

Die Zwischendecke liegt etwas unterhalb des größten Rumpfdurchmessers. Gefräste Träger für die Decke werden dabei an den seitlichen Spanten angeflanscht.
Im Bereich des Flügels werden hohe Kräfte in den Rumpf eingeleitet. Deshalb sind in diesem mit »Center Box« bezeichneten Teil auch Träger aus Titan, bestehend aus einer Verbundkonstruktion, eingefügt. Die Center Box verbindet beide Flügelhälften mit dem Rumpf. Im ausgerüsteten Zustand nimmt die Center Box unter anderem auch die Stellaggregate für die Steuerung des Flügels auf. Auf dem Oberdeck bildet die Oberfläche eine geschlossene Ebene.
Der Boden der Kabine, und auch der des Cockpits, wird mit dichtabschließenden Leichtbauplatten abgedeckt. Aus Gewichtsgründen bestehen die Bodenplatten aus einem ›Waben-Sandwich‹.
Zwischen den Wabenplatten ragen Führungsschienen für die Bestuhlung heraus. Im Fertigzustand bilden Ober- und Unterdeck jeweils geschlossene Einheiten bezüglich Druck und Temperaturregulierung. Jedes Deck hat also sein eigenes

Klima. Dies ist wichtig, weil im Unterdeck für Gepäck und Fracht die Temperaturen niedriger als im eigentlichen Passagierdeck liegen.
Im Cockpit befindet sich eine Luke mit einer zum Unterfloorbereich führenden Leiter. Sie dient dem Zugang zu den Computergestellen.
Die Center Box wird von der Aerospatiale im Werk Nantes hergestellt. Ihr Zusammenbau erfolgt mit der Oberschale von MBB und der Unterschale, die ebenfalls von der Aerospatiale kommt, im Aerospatiale-Werk in St. Nazaire. Im Werk Les Mureaux wird bei Aerospatiale das Rumpfvorderteil hergestellt. Der Bugteil ist neben der Center Box eine der kompliziertesten Baugruppen im Rumpfbereich. Er besteht aus zwei Sektionen.
Die erste Sektion, die sphärisch stark geformt ist, dient gleichzeitig der vorderen Abschottung der druckdichten Rumpfröhre. Ihr oberer Bereich ist durch die Cockpit-Fenster unterbrochen. Die Verglasung erfolgt erst bei der Endmontage. Im Rohanlieferungszustand ist die Sektion auch noch ohne Radom, in dem später das Radar untergebracht wird. Das Panel gleicht

in diesem Fertigungszustand einem Schweizer Käse. Die Herstellung ist für diese Sektion wegen ihres komplizierten Aufbaus weitgehendst noch Handarbeit.
Die zweite anschließende Sektion, die den Übergang zur eigentlichen Kabine bildet, nimmt in ihrem unteren Bereich das Bugrad auf. Dieser Teil ist verstärkt gebaut, da hier gleichzeitig eine Druckabdichtung erfolgt. Bei den Convertible-Versionen befindet sich an Stelle der normalen Bordeinstiegstür ein großes Frachtbeladungstor. Der Zusammenbau der Sektionen erfolgt in der Endmontage in Toulouse.
Der Heckkonus, der hintere, fast spitz zulaufende Teil des Rumpfes, ist eine Sektion ohne Druckbelüftung. Sie liegt außerhalb der Leitwerksanschlüsse. In ihr befindet sich die APU (Auxiliary Power Unit = unabhängige Bordversorgung), das bordeigene Kraftwerk zur bodenunabhängigen Versorgung des Flugzeuges. Nichttragende Konstruktionsteile bestehen hier teilweise aus Verbundwerkstoffen. Der Heckkonus wird als geschlossene Einheit von MBB nach Toulouse zur Endmontage geliefert.

Ausrüstungsarbeiten im Rumpf eines A300 im MBB-Werk Hamburg (rechts).

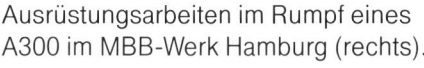

Arbeiten am Druckspant eines Airbusses. Der Druckspant sichert den Kabineninnendruck zum Heckteil ab (links).

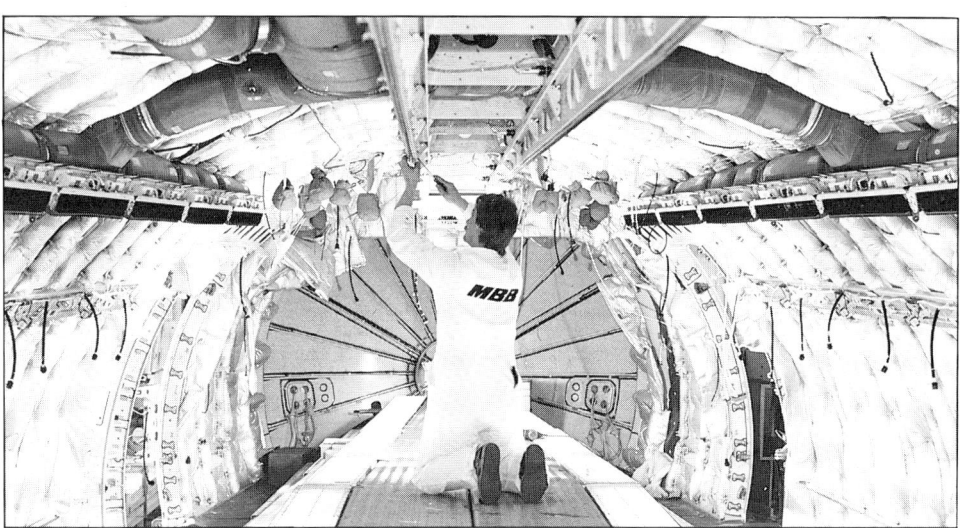

# Wie der Flügel gebaut wird

British Aerospace hat im Werk Chester eine der modernsten Fräsanlagen für die Herstellung von Großbauteilen. Es sind gegenwärtig die größten ihrer Art in Europa. Ihre Genauigkeit liegt trotz ihrer Größe bei einem Tausendstel-Millimeter. Um Temperatureinflüsse auf die Dehnung des Metalls zu kompensieren, werden die Aluminiumblöcke in der temperaturgeregelten Arbeitshalle schon Tage vor ihrer Verarbeitung eingelagert. 20 × 4 Meter sind die Abmessungen, mit denen ein NC-gesteuerter Fräsautomat fertig werden muß. Armdicke Aluminiumplatten werden für den Arbeitsprozeß mit Unterdruck an das Stahlbett der Werkzeugmaschine angesaugt.

Die Flügelschalen haben die äußere Profilkontur des Flügels und werden mit hoher Präzision hergestellt. Sechs verschiedene Schalenteile sind neben Holmen und Rippen erforderlich. Ist der erste Fräsvorgang noch relativ unkompliziert, bei dem zum Beispiel sämtliche Stege und Zusatzrippen mit berücksichtigt werden, so ist für die Bearbeitung der zweiten Seite ein Umdrehen des Werkstücks erforderlich. Die Struktur muß nun auf dem Stahlbett der Fräsmaschine mit zusätzlichen Spannzangen befestigt werden. Die Flügelschalen weisen an ihren dünnsten und wenig belasteten Stellen im Flügelaußenbereich nur wenige Millimeter Dicke auf, während es im Wurzelbereich (das ist der Bereich am Rumpf) sogar einige Zentimeter sind.

Neben dem reinen Konturenfräsen werden auch Bohrungen und Gewinde vorgesehen. Da scharfe Fräskanten schon vorprogrammierte Bruchlinien sein können, werden die Schalen einer gewissenhaften Nachbehandlung unterzogen.

Dabei werden die Oberflächen geglättet. Feine Glasperlen werden zum Schluß mit Preßluft auf die Oberfläche »geschossen«, was zu einer Oberflächenverdichtung führt. In gleicher Weise wird mit den Holmen und Rippen verfahren. In Chester und Filton befinden sich auch die Montagen des Flügelkastens. British Aerospace hat sich, genauso wie die anderen Partner für andere Sektionen, auf das Herstellen von Flügeln spezialisiert. Der Flügelkasten, als integraler Tank ausgebildet, ist der Hauptbestandteil des Flügels. Der Zusammenbau der Rippen, Holme und Schalen erfolgt auf einer sogenannten Helling. Um eine absolute Dichtigkeit zu gewährleisten, werden die Berührungsflächen der Strukturflächenteile mit einer Dichtmasse bestrichen. Die Verbindung der Rippen

Flügelmontage im Werk Chester von British Aerospace.

Montage der Flügelkästen bei British Aerospace.

mit den Stegen erfolgt mit Nieten und Schrauben. Zwangsläufig entstehende Fugen werden auch hier mit einer Dichtmasse versehen. Im vorderen und hinteren Holmbereich werden über die gesamte Flügelspannweite Verstärkungen zur Aufnahme der Klappenvorrichtungen berücksichtigt. Im Innenkasten befinden sich im Bereich der Triebwerksaufhängung ebenfalls Verstärkungen, da hier die Schubkraft der Triebwerke eingeleitet wird.

Nach der Montage muß der Flügel einer Dichtigkeitsprüfung standhalten. Die Kontrollöffnungen werden mit entsprechenden Deckeln verschlossen, und an den Tankeinfüllstutzen wird ein Druckschlauch mit Kerosin angeschlossen.

Ist der Tank gefüllt, erfolgt über das Pumpensystem ein Überdruck, dem er standhalten muß. Es darf dabei an keiner Stelle auch nur ein Tropfen Treibstoff durch einen Ritz dringen. Erst nach dieser Prüfung erhält er seinen vorerst letzten Kontrollstempel.

Der fertig montierte Flügelkasten wird erst durch die später noch zu installierenden Klappensysteme ein voll funktionsfähiges Tragwerk. Von Chester aus machen die Flügelkästen der A300 und A310 die Reise nach Bremen zu MBB, um dort mit den beweglichen Teilen ausgerüstet zu werden.

Acht große Klappenführungen über den ganzen Flügel verteilt, vier auf jeder Hälfte, sorgen für das Aus- und Einfahren der Landeklappen nach einem vorbestimmten Kurvenverlauf. In dafür vorgesehenen Schienen laufen die Landeklappenwagen auf Rollen. Der Antrieb erfolgt mit Elektromotoren, die zu diesem Zweck eine über die fast gesamte Flügelbreite verbundene Drehwelle bewegen. Über Schnekkengetriebe wird die Bewegung auf die Klappenführungen umgelenkt. Ein ähnliches System wird auch für die Nasenklappe installiert. Die Nasenklappe (Krüger-Slats) ist ein Produkt der unabhängigen Belairbus, während die Landeklappe bei MBB gebaut wird.

Die Querruder werden elektro-hydraulisch angetrieben. Sie werden direkt an den Flügelkasten instal-

liert, wie auch die Spoiler. Sie sind als erste Steuerflächen aus Faserverbundbauweise hergestellt. Dies sind aber nur die großen Teile für die Flügelausrüstung. Dazu kommen Druckleitungen, Kabel, Sensoren und zuletzt die roten und grünen Begrenzungslichter an den Flügelenden.

Seit die A310 in Serie gebaut wird und auch wesentliche Erkenntnisse davon auf die A300-600 übertragen werden konnten, sind die heute fertigen Flügel auf ihren Oberseiten absolut »sauber«, wie der Fachmann sagt.

Die fertig ausgerüsteten Flügel treten mit der Guppy von Bremen ihre Reise zur Endmontage in Toulouse an. Dort werden sie paarweise, entsprechend der Seriennummer dem auf der Montagelinie bereitstehenden Rumpf zugeordnet und montiert.

Auf dem Luftweg mit dem Transportflugzeug Super Guppy von Airbus Industrie kommen aus England die Flügelkästen nach Bremen, wo sie komplett ausgerüstet werden.

# Herstellen des Leitwerks

Das Höhenleitwerk ist ein Produkt des spanischen Airbus-Partners CASA in Madrid. Im wesentlichen ist die Höhenleitwerksherstellung mit der des Flügels zu vergleichen. Der Aufbau ist ähnlich, nur gibt es zwei verschiedene Höhenleitwerksvarianten. Bei der A310-300 ist der Höhenleitwerkskasten auch als Tank ausgebildet.

Das Leitwerk ist mit seiner Dämpfungsflosse (der vordere Teil) trimmbar am Rumpf befestigt. Die eigentliche Steuerung erfolgt über das Ruder.

Für das Leitwerk der A320 wird die bereits bei der A310-300 angewendete CFK-Bauweise realisiert. Die MBB-Technologie wird von CASA übernommen.

Ähnlich dem Höhenleitwerk erfolgt die Herstellung des Seitenleitwerks. Seit 1985 werden alle Seitenleitwerke (Dämpfungsfläche und Ruder) für alle Airbus-Typen aus Kohlefaser-Verbund-Werkstoff (CFK) gebaut.

Die CFK-Bauweise bewirkt ein niedrigeres Gewicht und reduziert die Anzahl der Baueinzelteile. Die A310 hat zum Beispiel einen Leitwerkskasten mit den Abmessungen von 9 Meter Höhe und 3,10 Meter Breite. 1978 begannen für diese Technologie die ersten Untersuchungen. Lange Tests gingen dem Serienbau voraus. MBB wendet bei der Herstellung von CFK-Strukturen die Modulbauweise an. Die Bauweise des CFK-Leitwerks könnte von der Natur kopiert worden sein. Ähnlich dem Aufbau des Strukturnetzes eines Pflanzenblattes ist auch die Außenhaut des Seitenleitwerkskastens durch eine Art Gitternetzstruktur, ebenfalls aus CFK, verstärkt.

Es handelt sich hierbei um eine Doppel-T-Bauweise. Um Formkerne wird ein Streifen Gewebeprepreg aus CFK gelegt. Durch Umlegen der Kanten erhält jedes einzelne Element einen U-förmigen Querschnitt, und durch das Zusammenlegen aller Module - 265 je Seitenschale – entsteht das Modulgitter mit Doppel-T-Querschnitt.

Die Modulbauweise aus CFK – ein Patent von MBB – weist als Grundlage ein Modulgitter auf, das mit der Außenhaut – ebenfalls CFK – zu einer homogenen Einheit wird. Dieser Prozeß erfolgt bei einer Aushärtungstemperatur von 120 Grad Celsius und einem Druck von 8 bar in einem Autoklaven.

Mit einem vorderen und hinteren Holm versehen sowie einigen Versteifungen, wird der Seitenleitwerkskasten wie ein Flügelkasten zusammengeschraubt und mit Spezialnieten vernietet. Statt 2072 Einzelteilen sind so nur noch 96 Teile miteinander zu verbinden.

Der Aufbau des Seitenruders ist ähnlich dem des Ruderkastens. Die Leitwerksnase besteht aus einer Aramidstruktur. Sie wird angeschraubt. Die Anlenkung des Ruders erfolgt über Scharniere. Die Stellzylinder der elektro-hydraulischen Antriebe liegen zwischen dem Ruder und dem Leitwerkskasten. Die bei dem Seitenleitwerk erarbeitete Technologie der Faserbundbauweise ist Ausgangsbasis für zukünftige Verkehrsflugzeuge, die möglicherweise eines Tages sogar ganze Kunststoffflügel haben.

Montage des Höhenleitwerkkastens bei CASA in Madrid.

# Der Triebwerksbau

Triebwerksbau ist Baugruppenbau oder besser Modulbauweise. Jede Baugruppe kann im Triebwerksbau unabhängig voneinander hergestellt werden. Außerdem wird bei der späteren Wartung die Reparaturfreundlichkeit erhöht. Es ist nur das fehlerhafte Modul gegen ein neues auszutauschen. Der Modultausch kann zum Teil auch vorgenommen werden, wenn die Triebwerke am Flugzeug befestigt sind. Vornehmliches Bestreben bei der Konstruktion moderner Großtriebwerke ist, einen möglichst hohen Wirkungsgrad aller Komponenten zu erzielen. Daneben spielen noch lange Lebensdauer und gute Wartungsfreundlichkeit eine wichtige Rolle. Um dies alles zu erreichen, gibt es für alle Komponenten eine Vielzahl von Möglichkeiten. Das Turbofantriebwerk V2500 macht die neuen Technologien am anschaulichsten. Der Fan als der Teil, der Luft im Triebwerkeinlauf ansaugt, wird im Gegensatz zu früher in Zukunft in Sandwichbauweise hergestellt. Der Aufbau ist ähnlich dem eines modernen Hubschrauberblattes. Stützstoff sind Kunststoffwaben. Die Ummantelung erfolgt in der Faserbauweise mit Aramidfasern. Die Blattvorderkante wird durch Titanbleche verstärkt. Die Bauweise ist erst deshalb möglich, weil durch neue Profilgebung und der daraus resultierenden größeren Blattiefen zurückgegriffen werden kann. Die Verdichter haben eine transsonische Profilgebung. Ihre Scheiben werden aus Pulvermetall hergestellt, wobei feinstes Metallpulver unter hohem Druck und hoher Temperatur in eine der endgültigen Kontur entsprechende Form gepreßt wird. Dieses Verfahren bringt geringes Nacharbeiten, und außerdem ist die Struktur auch viel gleichmäßiger. Neue Wege werden auch bei der Brennkammer beschritten. Die Führung der Luft entlang den Brennkammer-Wänden wird sehr sorgfältig gestaltet, was zu einer besseren Kühlung der Brennkammer-Innenwände führt. Zudem werden die Innenwände mit keramischen Wärmedämmschichten durch Plasmaspritzen gegen frühzeitige Alterung geschützt. Neue Brennstoff-Einspritzsysteme sorgen außerdem für eine bessere Aufbereitung des Kraftstoffs. Eines der heikelsten Teile sind die Hochdruckturbinenschaufeln. Die Schaufeln werden heute aus sogenannten Einkristallen hergestellt. Einkristallschaufeln werden mit Hilfe aufwendiger Gieß- und besonderer Erstarrungstechnik produziert.

Im Normalfall besteht jeder Metallguß aus einer Vielzahl von Kristallen im Erstarrungsprozeß beim Abkühlen. Die Kristalle haben unterschiedliche Korngrößen, sie sind ungerichtet und sie beeinflussen die mechanische Belastbarkeit. Optimale Belastbarkeit läßt sich aber nur mit dem »Wachsen« eines Kristalles »züchten«. Der Gußprozeß ist bei beiden Gußarten annähernd gleich, nur wird beim »Einkristallzüchten« ein sehr kleiner Einlaßkanal mit einer Spirale aus gleichem Einkristall eingearbeitet, von der aus von unten nach oben in einem Spezialofen bei langsamer Abkühlung die Einkristallform wächst.

8000 verschiedene Parameter sind vom Rechner in diesem außerordentlich schwierigen Prozeß zu steuern. Über den Starterblock im Einlaßkanal wächst der Kristall über den Schaufelfuß bis zur Endkante der Schaufel. Der Prozeß dauert je nach Schaufelgröße zwischen 3 und 10 Stunden.

Schleifen von Eintrittslaufschaufeln des Airbus-Triebwerks CF6 bei MTU.

So »gezüchtete Turbinenteile« sind extremsten Belastungen gewachsen. Da diese Schaufeln im Einsatzbetrieb aber besonders hohen Temperaturen ausgesetzt sind, werden sie mit zusätzlichen Kühlluftbohrungen versehen. Dieses Bohren erfolgt durch Pulslaser oder auch auf elektro-chemischem Wege. So hergestellte Turbinenschaufeln kommen wegen der durchgeblasenen Kühlluft mit den heißen Gasen nicht direkt in Berührung. Der Kühlluftfilm wirkt wie eine Schutzschicht. Die Scheiben der Hochdruckturbinen sind die am stärksten belasteten Teile im Triebwerk überhaupt.

Die Niederdruckturbine mit nachfolgendem Triebwerksteil wird heute ebenfalls mit Schaufeln transsonischer Profilgebung versehen. Um einen noch besseren Wirkungsgrad zu erreichen, sind diese Schaufeln zusätzlich gekrümmt. Von konstruktiver Seite her wurde mit der Aktiven Spalt Kontrolle (ACC) ein ganz entscheidender Fortschritt erzielt. Im hinteren Verdichterbereich und im gesamten Turbinenbereich wird Luft je nach Bedarf von außen auf das Gehäuse geblasen, um es so zu kühlen, daß die Ausdehnung, die

ja beim Start, im Reiseflug und bei der Landung immer unterschiedlich ist, sich stets optimal auf die unterschiedliche Ausdehnung der Schaufeln im Innern des Gehäuses einstellt. Der Spalt zwischen der Schaufelspitze und der Gehäuse-Innenwand ist dadurch regelbar und wird immer optimal klein gehalten, was zu geringeren Strömungsverlusten führt.

Ein Triebwerk besteht aber nicht nur aus den vorgenannten Modulen, sondern auch aus einer Vielzahl von Ventilen, Schaltern, Leitungen, Kabeln, Dichtungen, Pumpen und Stellmotoren. Dazu kommt oft ganz versteckt der kleine schwarze Kasten, in dem sich die Regelung für das Triebwerk befindet. Und diese Regler müssen wiederum mit Daten versorgt werden, wie Drehzahl, Druck, Temperaturen, Treibstoffdurchsatz und vieles mehr, was eine Vielzahl von Sensoren bedingt. So gesehen, sind die Triebwerke wirklich die hochkomplexen Gebilde, die – am Flugsteig zur Wartung aufgeklappt – aus einem scheinbar unübersehbaren Wirrwarr bestehen. Spätestens hier aber wird deutlich, daß alles seinen Preis kostet. Denn hochpräzises Fertigen kostet nicht nur Geld im Herstellungsprozeß, sondern auch in seiner Kontrolle – und die wird dabei besonders großgeschrieben.

Anders als im Zellenbau wird hier in stärkerem Maße mit Ultraschall- und Röntgenstrahlen etwaigen Fehlern auf die Spur gerückt.

Spezielle Fluoreszens-Rißprüfverfahren oder auch Wirbelstromuntersuchungen werden während der Fertigungsprozesse neben den natürlich noch viel teureren Zerstörungsprüfungen angewendet. Die reine Sichtprüfung durch das menschliche Auge nimmt da nur einen geringen Teil ein. Die Fertigungseinrichtungen sind weitgehendst automatisiert, um eine hohe Genauigkeit und aber auch eine hohe Reproduzierbarkeit zu erhalten. So werden zum Beispiel bei den Schleifmaschinen die Scheiben während des Bearbeitungsvorganges ständig überwacht, wie auch viele zerstörungsfreie Prüfverfahren automatischen Abläufen unterworfen sind.

Der Zusammenbau der Triebwerke erfordert jedoch viel Handarbeit. Erfahrung ist hier Voraussetzung. Die Triebwerksbauer General Electric, MTU, RR, SNECMA und Pratt & Whitney arbeiten heute weltweit zusammen, und im Falle der gemeinsamen Firma IAE haben sie sogar noch Partner in Japan und in weiteren Ländern. Konkurrenzdenken ist auf dem Triebwerkssektor kaum spürbar, da die weltweite Zusammenarbeit projektbezogen läuft.

# Das Fahrwerk

Die Fahrwerke eines Airbusses sehen wie die Beine eines Insekts aus, dennoch sind sie in der Lage, 150 Tonnen und mehr zu tragen.
Die Fahrwerke sind dreiteilig ausgeführt. Das Hauptfahrwerk besteht aus zwei Einzelfahrwerken, die selbst einzeln in der Lage sind, das Gesamtgewicht eines Airbusses aufzunehmen. Das Bugfahrwerk hat nur eine Teillast zu tragen. Die Fahrwerke sind für extrem harte Landestöße (bis 12faches Landegewicht) ausgelegt.
Das Fahrwerkbein ist als Feder konstruiert. Es werden Öldruckfederbeine verwendet, die eine zusätzliche dämpfende Wirkung besitzen. Der Fahrwerksträger besteht aus dem oberen Federbeinzylinder und dem unteren Federbeinkolben, an dem das Radsystem einschließlich der Bremsen aufgehängt ist. Kolben und Zylinder sind titangeschmiedete Teile, die nach ihrer Endbearbeitung auf Passung geschliffen und gehont werden und die einen Hartchrom-Oberflächenschutz erhalten. Während die Herstellung der Fahrwerkfederbeine hochpräzise Arbeit mit engsten Toleranzen erfordert, ist ihre Montage eine Art einfaches Ineinanderstecken. Die Hauptbestandteile werden einer röntgenologischen Untersuchung unterzogen, denn Risse oder Gefügeveränderungen könnten zu einem Fahrwerksbruch führen.
Die Fahrwerkachsen bestehen aus hochlegierten Stählen. Sie nehmen die Kohlefaser-Bremszylinder auf. Gegenüber herkömmlichen Bremszylindern sind Kohlefaserbremsen auch bei extrem hohen Temperaturen noch sehr wirkungsvoll.

Die Bremsen arbeiten mit einem geregelten Verzögerungssystem, das ein Blockieren und somit eine Fehlbremsung verhindert. Die angeflanschten Räder bestehen aus einer Aluminium-Titan-Legierung. Das Bugradfahrwerk hat noch zusätzlich einen Lenkmechanismus, der vom Cockpit aus über ein Handrad mit Hilfe einer Hydraulik gesteuert wird. Die Fahrwerkseinheiten werden von Messier-Hispano-Bugatti und von Liebherr Aero Technik (Bugrad) direkt zur Endmontage angeliefert.

Die Airbus-Fahrwerke werden von Messier-Hispano-Bugatti und von Liebherr Aero Technik (Bugrad) direkt zur Endmontage nach Toulouse geliefert.

# Das Cockpit

Das Cockpit ist für den Fluglaien, und das sind wohl die meisten Menschen, etwas Faszinierendes, für den Piloten ein Arbeitsplatz wie jeder andere, eine Schaltstelle für Steuerung, Navigation, Kommunikation, Überwachung und Meteorologie.

Vor Jahren noch vollgepackt mit einer Vielzahl von Instrumenten, werden die Cockpits immer übersichtlicher. Wenige große Instrumente und einige Bildschirme geben in den neuen Airbussen die Informationen.

Übersichtlich machen und dennoch mehr Informationen auf den Arbeitsplatz projizieren, war auch für Airbus Industrie das Ziel. Ein Ergebnis ist das seit 1983 im Einsatz befindliche A310-Cockpit, das in der A320 seine Vervollkommnung findet.

Die Steuerung bei der A300 und A310 erfolgt mechanisch-hydraulisch, das heißt, sämtliche Bewegungen vom Steuerhorn und von den Fußpedalen werden über eingelegte Seilzüge und Gestänge auf hydraulische Stellzylinder übertragen. Die Arbeitsplätze Kapitän und Copilot sind untereinander mechanisch verbunden.

Die Herstellung der Instrumente, soweit sie noch mechanisch sind, ist mit der in einer Uhrmacherwerkstatt zu vergleichen. Die Standardinstrumente wie Fahrtmesser, Höhenmesser und Variometer beruhen auf der Bauweise gewöhnlicher Barometer. Anders ist die Herstellung der Kreiselinstrumente. Die dynamischen Kreisel, die in Airbussen eingebaut werden, sind schnelldrehende, in einem kardanisch aufgehängten System laufende Elektromotoren mit einer Schwungmasse. Ihre Herstellung erfordert größte Präzision und sauberste Montage.

Laserkreisel, die im Begriff sind, die dynamischen Kreisel in Teilbereichen abzulösen, verlangen zwar nach ebensolch präziser Fertigung, doch liegen die Fertigungsprobleme hier eher auf dem optischen Sektor. Die Computer im Cockpit sind die eigentlichen Arbeitstiere, die die Arbeit der Piloten entlasten.

Das Bild vermittelt einen Eindruck von der Übersichtlichkeit des Cockpits der A310.

# Systeme des Flugzeugs

Viele Bewegungsabläufe und Funktionen im Flugzeug werden von mechanischen Elementen übernommen oder gesteuert. Dabei handelt es sich oft um komplizierte Baugruppen, wie zum Beispiel die Landeklappen ausfahren oder Ruder und Steuerklappen bewegen, das Fahrwerk einfahren oder die Belüftung der Passagierkabine steuern.

Auch das Transportieren und Arretieren von Frachtcontainern im Flugzeug wird durch die Mechanik gewährleistet. Alle diese Baugruppen, die größtenteils wichtige Funktionen erfüllen, werden mit höchster Präzision und unter Anwendung anspruchsvoller Technologien hergestellt.

Ein Teil der mechanischen Systeme im Flugzeug wird über Hydraulik angetrieben. Dazu ist im Flugzeug ein aufwendiges Netz von Hydraulikleitungen installiert. Diese Leitungen bestehen aus Aluminium, Stahl oder Titan. Das Herstellen dieser Leitungen erfolgt auf der Basis von Musterrohren, die dem genauen Verlauf der Leitungen im Flugzeug angepaßt sind. Die Form der Musterrohre wird auf einer speziell dafür entwickelten Meßmaschine vermessen und die entstehenden Daten einer NC-gesteuerten Rohrbiegemaschine übermittelt, die dann das geforderte Rohr immer wieder in der gleichen Form herstellen kann. Große Sorgfalt muß natürlich auch auf die Verschraubungselemente gelegt werden, mit denen die Rohre verbunden werden.

Die vielen Funktionen, die ein Flugzeug am Boden und in der Luft zuverlässig erfüllen muß, erfordern ein umfangreiches Netz von mechanischen, elektrischen und elektronischen Versorgungssystemen. Von der Erzeugung der enormen Vorschubkräfte durch das Triebwerk über das eigene Kraftwerk der APU bis zur Verarbeitung von Meß- und Steuerdaten reichen die Anforderungen im Flugzeug, die mit dem Einbau entsprechender Versorgungssysteme erfüllt werden müssen. Die elektrischen Systeme ziehen sich wie Nervenbahnen durch das Flugzeug. Neuralgische Punkte der elektrischen Systeme sind

Stromerzeuger (Generatoren), elektronische Geräte, Lampen, elektrisch betriebene Bewegungseinheiten und vieles andere mehr. Die Verbindungen stellen Leitungen her, die in ihrem Querschnitt entsprechend der zu erledigenden Übertragungsaufgabe ausgelegt und in Leitungsbündeln zusammen verlegt sind.

Die Herstellung dieser Leitungsbündel ist aufwendig. Jede Leitung wird zunächst gekennzeichnet, bevor sie mit anderen Leitungen verschiedener Querschnitte auf einem großen Brett, auf dem die spätere Einbauform simuliert ist, manuell oder maschinell vom jeweiligen Ausgangspunkt zum Endpunkt verlegt wird. Die meist vergoldeten Kontakte werden mit Spezialzangen über die Enden der Leitungen gepreßt (Kaltschweißung) und später in Steckergehäuse mit bis zu hundert Eingängen eingeführt. Die Sicherheit und Qualität der elektrischen Systeme werden mit Hilfe eines Computers, der alle Funktionen eines Leitungsbündels abfragt, gewährleistet.

Einst für den Transport von US-Weltraumraketen entwickelt, ist die Super Guppy von Airbus Industrie heute das sicherste und zuverlässigste Großtransportgerät für die Bauteile des Airbus (rechts).

112

In Hamburg wird Super Guppy Nr. 4 beladen. Nach dem seitlichen ausschwenken des Vorderteils des Großraumtransporters wird – wie hier im Bild zu sehen – das hintere Rumpfteil eines Airbus A310 über ein Spezialfahrzeug in die Super Guppy gerollt (oben).

Die Super Guppy fliegt über Land und Meer. Es sind die Verbindungslinien von den Montagewerken in England, der Bundesrepublik, Frankreich und Spanien zu der Endmontagelinie in Toulouse (links).

Großbauteile aus den Werken von British Aerospace, MBB,
Aerospatiale und CASA werden in Toulouse endmontiert (oben).

Das Werk Aerospatiale in Toulouse, wo die Endmotage der Airbusse
erfolgt (Seiten 116/117).

Airbusse verschiedener Typen vor der Ablieferung an die Luftverkehrsgesellschaften.

Nach erfolgtem Erprobungsflug: Landung einer A310 auf dem Flugplatz
in Toulouse.

# Das Transportsystem Super Guppy

Guppys sind kleine runde Zierfische in den Tropen. Ein Super Guppy ist deshalb nicht etwa eine vergrößerte Ausgabe dieser Spezies Fisch, sondern eines der wohl ungewöhnlichsten Flugzeuge der Welt mit der Form des Fisches Guppy.

Sie sind das Transportsystem Nummer eins der Airbus Industrie. Je Airbus vom Typ A300-600 oder A310-200 müssen etwa 45 Transportflugstunden für das Zusammenbringen der Großbauteile zur Endmontage aufgewendet werden. Gäbe es dieses einzigartige Transportsystem nicht, wäre man auf Schiffs-, Straßen- oder Schienentransporte angewiesen, und diese haben so ihre Tücken. 24 Tonnen Nutzlast in Form von Rumpfgroßbauteilen, Leitwerk oder Flügel kann eine Super Guppy fassen.

Sie ist eines der wichtigsten Verbindungsglieder innerhalb der Airbus Industrie. Die Guppy-Flotte besteht aus vier Maschinen, von denen jede eine Jahresleistung von 1200 Stunden leistet.

Hinter der Bezeichnung Super Guppy 377 SGT verbirgt sich ein Stück Luftfahrt-Geschichte. Die Super Guppy 377 SGT ist nicht etwa ein speziell entwickeltes Spezial-Transportflugzeug, sondern sie ist eine nach jahrelangem Wüstenfriedhof-Dasein wiederauferstandene Verkehrsmaschine, die bereits im zweiten Weltkrieg konzipiert wurde. Der Bedarf eines großvolumigen Transporters entstand erstmals 1960, als Werner von Braun das Transportproblem der Saturn-Raketenstufen lösen mußte. Ein Amerikaner hatte damals die Idee, eingemottete Flugzeuge aus der Mojave-Wüste zu holen und diese dann in seinem kleinen Flugzeugwerk in Kalifornien für den geforderten Spezialzweck umzubauen. Er stieß dabei auf die Boeing B-377, die in einigen wenigen Einheiten bei BOAC und PAN AM unter dem Namen »Stratocruiser« bis 1955 flog. Mit der Typbezeichnung C-97 wurde der gleiche Flugzeugtyp bei den amerikanischen Streitkräften geführt. Ganze 57 Maschinen dieses Typs verließen die Boeing-Werke, bevor die Serie eingestellt wurde. Die B-377 erwies sich mit ihren vier Pratt & Whitney-Kolbenmotoren als unwirtschaftlich.

Flugzeug-Unternehmer John M. Conroy hatte für den Umbau der B-377 ein Rezept. Er schlitzte den oberen Rumpfteil auf und setzte darüber neugefertigte Spanten, die einen Ladeinnenraum von 7,77 Meter maximaler Höhe und einer maximalen Länge von 33,99 Meter ergaben. Das Heck wurde ebenfalls aufgetrennt und mit Verstärkungen und Spezialscharnieren versehen.

Am 19. September 1962 startete dieser Urahn der heutigen Super Guppys zu seinem Erstflug. Skeptiker weissagten, daß so ein Ding nie fliegen werde, doch es flog. »It looks like a guppy«, – »Es sieht aus wie ein Guppy«, sagten damals Beobachter, und so erhielt dieses Flugzeug zunächst seinen Spitznamen »Guppy«. Die zweite Maschine, erstmals auf Pratt & Whitney-Turbopropmotoren umgerüstet, flog im August 1965. Ihr folgte ein dritter Nachbau, nochmals mit den alten Kolbenmotoren, unter der Bezeichnung Mini-Guppy. Die NASA forderte aufgrund guter Erfahrungen mit den drei Transportern noch ein größeres Flugzeug und gab weitere Maschinen in Auftrag. Die vierte Guppy hatte einen stärker »aufgeblasenen« Rumpf und diesmal vier stärkere Allison-Turbopropmotoren. Bei einem FAA-Testflug stürzte die Maschine jedoch ab. Zu diesem Zeitpunkt war die erste Super Guppy 377 SGT bereits im Bau. Bei der NASA hatten sich die drei anderen kleineren Schwestern dennoch hervorragend bewährt. Das Mondlande-Programm konnte im Juli 1969 bei der NASA erfolgreich abgeschlossen werden.

Der amerikanische Senat strich danach den Etat der NASA so drastisch, daß es zu keinen weiteren nennenswerten Raketen-

Die Flotte der Super Guppys besteht zur Zeit aus 4 Flugzeugen, die
nach einem der Produktionslinie in Toulouse ausgeklügelten Zeitplan
die Großbauteile zusammenbringen.

entwicklungen mehr kam. Erst mit dem Raumfähre-Programm, das aber mit dem Jumbo-Spezialtransporter transportiert wird, entstand wieder Transporterbedarf.

Als das Airbus-Programm Ende der sechziger Jahre gestartet wurde, stand man vor der Frage, wie die einzelnen Baugruppen aus drei Ländern und anderen französischen Werken nach Toulouse-St. Martin zu bringen wären. Die gewaltigen Abmessungen der Rumpfsektionen (5,64 Meter) und der Flügelhälften (19 Meter) konnten zwar mit Tiefladern transportiert werden, wie man es auch bei dem Prototyp des Airbus A300B1 durchführte, doch zeigten sich bei diesem Transportsystem erhebliche Probleme. Eisenbahntransporte beinhalteten noch größere Schwierigkeiten, da die Überbreiten spätestens an Tunnels zu Komplikationen führten. Nicht anders war es auch mit geplanten Schiffstransporten. Gleichgültig ob Schiffs-, Straßen- oder Eisenbahntransport, es wären zum Teil erhebliche Aufwendungen allein für die Verpackung der Sektionen entstanden.

Airbus Industrie setzte damals dennoch auf das Transportsystem Super Guppy. Sie kauften 1971 die erste der vier Guppys, die Super Guppy. Im August des gleichen Jahres erhielt sie ihre FAA-Zulassung und am 2. November trat sie ihre erste Dienstreise von Hamburg mit einer Rumpfsektion nach Toulouse an. Ein Jahr später wurde die zweite Maschine aus den USA übernommen.

Airbus Industrie kaufte die Lizenz dieses Transportmittels und gab bei dem in Le Bourget ansässigen Hersteller UTA den Bau von zwei weiteren Flugzeugen in Auftrag. Während seines vierzehnjährigen Einsatzes hat sich dieser Flugzeugtyp trotz aller Spötteleien so hervorragend bewährt, daß Airbus Industrie ohne ihn fast nicht mehr auskäme. Nach heutigen Erkenntnissen ist dieses Transportsystem äußerst sicher. Dem Einsatz sind bei starkem Seitenwind und extrem hohen Windgeschwindigkeiten Grenzen gesetzt, doch treten solche Wettersituationen äußerst selten ein. An der Super Guppy ist alles maßgeschneidert. Trotz des hohen Abfluggewichtes von 77 Tonnen wird es konventionell von Hand gesteuert. Keine Spur von Zweimann-Cockpit, Fly-by-wire oder automatischem Trimm-System. Getrimmt wird von Hand mit einem großen Holztrimmrad. Hochmodern allerdings sind die Verriegelungszylinder für die Verbindung von Rumpf und dem druckbelüfteten Bugvorderteil.

Der Umbau einer alten Boeing erfordert viel Handarbeit. Daß die Franzosen das ebenso gut können wie die Amerikaner, haben sie mit den zwei in Le Bourget hergestellten Maschinen bewiesen. In den Werkshallen der UTA werden die großen Vögel mit dem Fischnamen nur

noch gewartet. Man ist dort jederzeit in der Lage, auch eine fünfte oder sechste Maschine zu bauen. Die Flotte der Super Guppys, jede trägt ihre Zahl auf dem Bug, fliegt zwischen Hamburg und Warton, Toulouse und Nantes, Madrid und Toulouse und Bremen je nach Bedarf, bei nahezu jedem Wetter, im Sommer und Winter.

## SUPER GUPPY IN ZAHLEN
Ursprungsflugzeugmuster Boeing C-97/B-377
Erstflug: Super Guppy 1 (1962)
Antrieb: 4 × Allison 501-D22C
Leistung: 4 × 4680 Wellen PS
Spannweite: 47,60 m
Länge: 43,80 m
Höhe: 14,80 m
Laderaumdurchmesser: 7,64 m
Laderaumlänge: 34 m
Ladevolumen: 1106 m$^3$
Leergewicht: 45 847 kg
Abfluggewicht: 77 110 kg
Reisegeschwindigkeit: 450 km/h
Dienstgipfelhöhe: 7620 m
Reichweite: 2780 km

Besatzung: 3
zusätzliche Sitze: 5

# Transportwege nach Toulouse

In Toulouse-St. Martin liegt das Werk, in dem das erste französische strahlgetriebene Verkehrsflugzeug, die Caravelle, und auch das erste Überschallverkehrsflugzeug, die Concorde, gebaut wurden; ein traditionsreiches Flugzeugwerk der Aerospatiale, das früher noch den Namen Sud Aviation trug. Das Werk St. Martin im Süden Frankreichs, nur wenige Autostunden von den Pyre- näen entfernt, ist heute der Sammelplatz aller Airbus-Sektionen und Baugruppen, aus denen ein fertiges Flugzeug entsteht.

Den kürzesten Weg von den Produktionsstätten hat die Frontsektion, das Tragflügel-Mittelstück und das Höhenleitwerk nach Toulouse. Die weiteste und umständlichste Reise haben die Triebwerke gemacht. Ihre Baugruppen wurden teilweise in Deutschland bei der MTU und in Frankreich bei SNECMA hergestellt, bevor sie zur Endmontage in die Vereinigten Staaten zu General Electric bezie-

Rumpfteil des Airbus A320 wird in St. Nazaire in die Super Guppy gerollt.

hungsweise Pratt & Whitney geflogen werden oder den umgekehrten Weg nach Frankreich nehmen, um bei der SNECMA endmontiert zu werden.

Auch für Ausrüstungsteile, wie zum Beispiel Navigationseinrichtungen und Funkgeräte, sind die langen Wege über den großen Teich unumgänglich. 30% des Gesamtwertes eines Airbus kommen aus den USA.

Wenn aber die Großbauteile wie etwa die Flügelhälften, die Rumpfhauptsektion und Höhenleitwerke gleichzeitig auf dem Vorfeld von St.

Martin eintreffen, dann herrscht emsiges Treiben. Die einzelnen Baugruppen sind die größten Teile, die überhaupt per Luftfracht an ihren Bestimmungsort geführt werden. Kein anderes Transportsystem der Welt wäre in der Lage, so große Bauteile wie die Airbus-Baugruppen so schnell an ihren Bestimmungsort zu bringen, wie es die Flotte der Super Guppys vermag.

Verladung der hinteren Rumpfsektion in Hamburg.

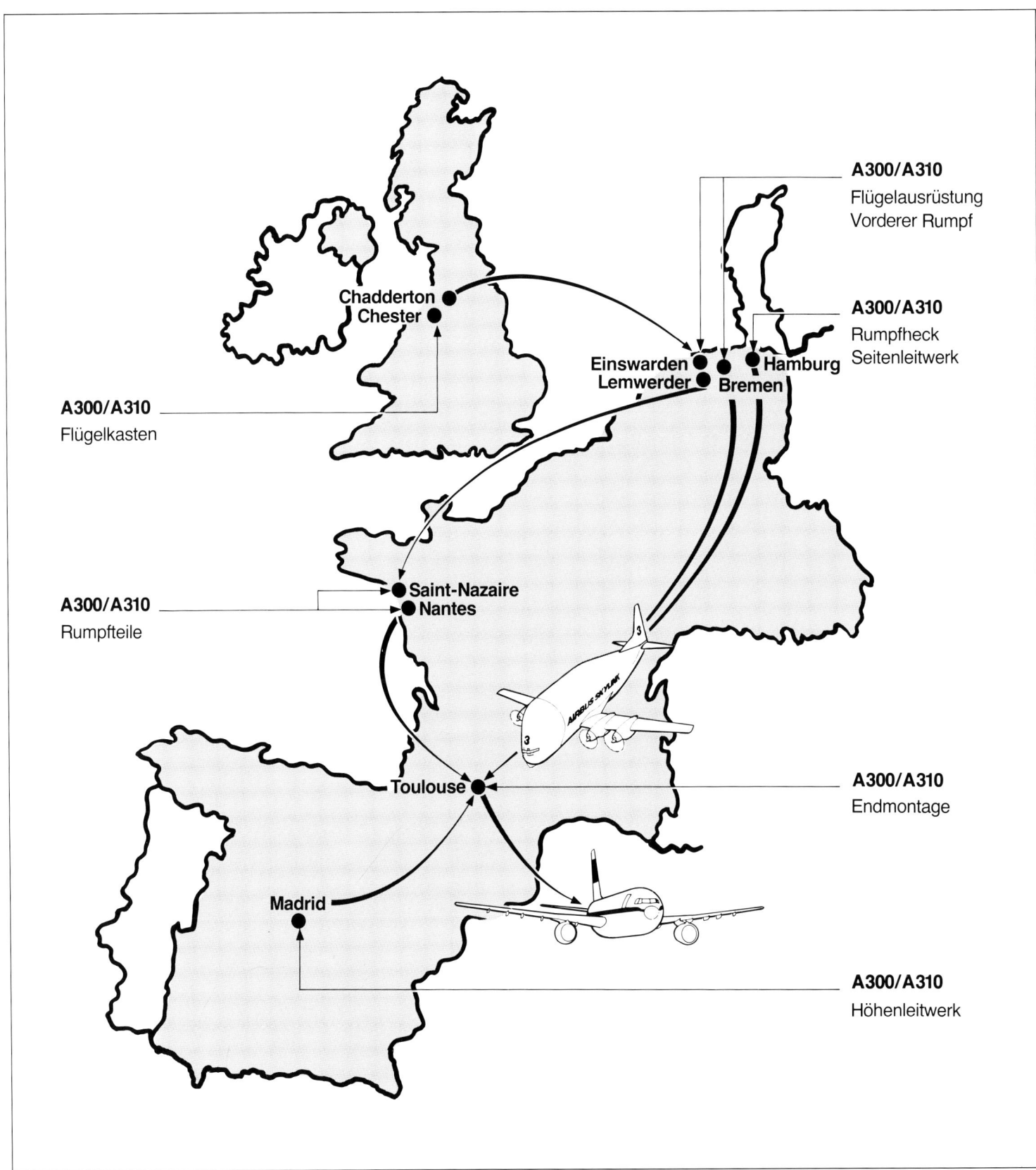

**A300/A310**
Flügelausrüstung
Vorderer Rumpf

**A300/A310**
Rumpfheck
Seitenleitwerk

Chadderton
Chester

Einswarden
Lemwerder
Hamburg
Bremen

**A300/A310**
Flügelkasten

Saint-Nazaire
Nantes

**A300/A310**
Rumpfteile

Toulouse

**A300/A310**
Endmontage

Madrid

**A300/A310**
Höhenleitwerk

Je nach Airbus-Typ ergeben sich verschiedene Transportwege für die Flotte der Super Guppys. Aus Chester kommen die Flügelkästen. Die kompletten A320-Flügel werden direkt nach Toulouse geflogen. Für den A300 und A310 wird die End-ausrüstung in Bremen durchgeführt, das heißt, daß die Flügelkästen erst nach Bremen müssen, bevor sie ausgerüstet nach Toulouse geflogen werden. Aus Hamburg-Finken-werder kommt die Rumpfhauptbau-gruppe. Stade liefert das komplette Seitenleitwerk.

Aus St. Nazaire kommt schließlich das Tragflügelmittelstück, über Nantes und St. Nazaire die vordere Rumpfbaugruppe. Im Werk Les Mureaux entstehen die Bugteile ein-schließlich der Cockpit-Sektion. Aus Madrid werden schließlich die kom-pletten Höhenleitwerke abgeholt. Die Super Guppys fliegen nach ei-genen Flugplänen, die dem monat-lichen Produktionsausstoß ange-paßt sind. Speziell für das Flugzeug entwickelte Ladegeschirre machen die Verladung der einzelnen Flug-zeugbaugruppen zu einem leichten Vorgang. Das Aufklappen des Bug-konus, das Verladen und das an-schließende Verschließen dauern nicht länger als 40 Minuten. Fünf Verladespezialisten können mit Hilfe des Bordingenieurs ohne große Kraftanstrengung eine ganze

Rumpfbaugruppe oder eine kom-plette Flügelhälfte verladen. Die Ge-schwindigkeit des Flugzeugs spielt fast eine untergeordnete Rolle. Störungen hat es seit Beginn der Serienaufnahme in Toulouse noch nicht gegeben. Die Transportkapa-zität ist mit vier Flugzeugen vom Typ Super Guppy so reichlich be-messen, daß die Flugzeuge sogar noch für andere Flugzeugpro-gramme an andere Firmen verchar-tert werden können.

Von Madrid nach Toulouse fliegt die Super Guppy mit dem bei CASA montierten Höhenleitwerk (rechts).

Die Karte zeigt die Transportwege der Super Guppy in Westeuropa. Alle Strecken enden in Toulouse, wo die Airbusse endmontiert werden (links).

# Die Endmontage in Toulouse-St. Martin

Die Endmontage-Halle für die A300 und A310 steht innerhalb des größten Gebäudekomplexes der Aerospatiale neben der Endlinie der ATR42 und der A320.

Die Halle M96 ist die eigentliche Endmontage mit allen ihren Funktionstests. Taktweise werden hier die Großbausektionen der Endmontage zugeführt. Dabei spielt es keine Rolle, ob es sich um eine A300–600, A310–300 oder A310–200 handelt. Die Vorrichtungen sind so konzipiert, daß trotz unterschiedlicher Längen und Spannweiten die Taktbauweise nicht beeinträchtigt wird. Die 50 Meter hohe Halle besitzt an ihren Frontseiten große Tore, so daß auf der Westseite die Baugruppen eingefahren werden und auf der Ostseite das nahezu funktionstüchtige Flugzeug nach dem Drucktest in eine andere Halle rollen kann, wo die Triebwerke unter die Pylons gehängt werden. Unter dem Dach der Montage-Halle arbeitet eine große Krananlage. Sie bringt die Baugruppen von den Tiefladern an ihren Bestimmungsort in die Halle.

Hydraulische Systeme am Boden helfen bei der Millimeterarbeit. In der Endmontage ist nichts automatisiert, hier wird handwerkliches Können verlangt. Bis zu acht Maschinen

Bis zu 8 Airbusse können in einem Monat in dieser Endmontage-Halle bei Aerospatiale in Toulouse montiert werden. Hier ist nichts automatisiert, hier wird handwerkliches Können verlangt.

## DER ZUSAMMENBAU DER FLUGZEUGE

können den Fertigungstrakt monatlich durchlaufen. 350 Facharbeiter, Ingenieure, Techniker und Prüfer arbeiten an dieser Endlinie. Hier wird mehr Fachkenntnis als an jedem anderen Arbeitsplatz verlangt. Hier müssen die Teile zusammenpassen, die aus verschiedenen Ländern, aus verschiedenen Flugzeugwerken kommen. Hier erkennt man zum ersten Mal die wirklichen Konturen eines Großraumflugzeugs. Und hier spiegelt sich wie kaum in einem anderen Programm Europa in der industriellen Zusammenarbeit wider.

Die beiden Bugsektionen stehen gleich mehrfach bereit. Sie werden am Hallenanfang zu einer Einheit montiert. Dann machen sie einen 90-Grad-Schwenk nach rechts und werden mit dem vorderen Rumpfteil verbunden. Der Zusammenbau erfolgt einschließlich aller Stringervernietungen sowie aller vormontierten Verbindungsleitungen. Die Bereitstellung der so vormontierten Sek-

Die Endmontage beginnt mit dem Zusammenbau des Cockpits mit den ersten Rumpfsektionen.

tion erfolgt auf der linken Hallenseite. Hier werden auch noch die weiterführenden Installationen und Zusatzmontagen vorgenommen, wie der Einbau der Gestelle für die Computer unter dem Cockpit. Der Tragflügelmittelkasten und das Rumpfmittelstück werden auf der zweiten Montage-Station mit den beiden Flügelhälften montiert. An dieser Stelle wird die Modulbauweise klar erkennbar.

Die bereits mit allen Systemen vormontierten Rumpfsektionen werden von vorne und hinten an die Zentralsektion angeflanscht. Hinzu kommen die Pylons zur Aufnahme der Triebwerke und das Fahrwerk. Aber trotz Fahrwerk bleibt das Flugzeug hochgebockt. Bereits in diesem Takt erfolgen weitere Einbauten. Innen gleicht das Flugzeug jetzt einem Ameisenhaufen. Mechaniker und Elektriker strömen ein und aus.

In der Lackierhalle erhält das fertigmontierte Flugzeug den endgültigen Anstrich. Rund 300 Kilogramm Farbe werden in mehreren Schichten auf die Außenhaut gebracht.

Montage der komplett vom Hersteller angelieferten Triebwerke. Hier
sind die Triebwerksspezialisten am Werk. Ihre Erfahrung ist ein Garant
für die Funktionstüchtigkeit dieser gigantischen Antriebseinheiten.

Hydraulikmotoren und Pumpen werden eingebaut und machen die ersten Probeläufe. Elektromotoren surren auf, Klappen bewegen sich. Das Flugzeug beginnt sein Eigenleben.

Das Seitenleitwerk, früher noch in Metallbauweise, heute von MBB aus CFK hergestellt, und das Höhenleitwerk geben beim nächsten Takt dem Flugzeug sein Aussehen. Kraftstoffsysteme werden vorbereitet und ersten Tests unterzogen, und die Air Condition wird eingebaut. Der Frachtraum entsteht, und die ersten Bordcomputer füllen die Gestelle. Bodenplatten werden eingelegt sowie Komponenten des Wasser- und Hydrauliksystems werden montiert. Die letzten elektrischen Kabel werden an den Sektionstrennstellen miteinander verbunden, und man bereitet sich auch auf deren Funktionstest mit all den dazugehörigen Geräten vor. Das Flugzeug hat noch keine eigene Versorgung. Zu dieser Zeit führen große Schläuche, Druckleitungen und dicke Kabelbäume ins Innere. Hier werden die unterschiedlichsten Funktionstests durchgeführt. Der Geräuschpegel ist hoch, Ohrenschützer sind hier obligatorisch. Station 24 nennen es die Fertigungs-Ingenieure. Das Flugzeug wird gedreht und steht im 30-Grad-Winkel nach rechts zur Halle. Jetzt geht es um die weiteren Vorbereitungen des Cockpits und der Kabine. Antennen werden montiert, und das Radom kommt an seinen Platz. Mechanische und elektrische Tests schließen diesen Takt ab. Das Flugzeug wird auf seine letzte Position weitergerückt.

Der Takt 23 umfaßt gleichzeitig die letzten noch notwendigen Installationen und abschließenden Funktionstests. Hier werden auch die letzten Fenster eingebaut und die Fahrwerke einschließlich der Bremsen getestet. Zum Schluß kommt die Putzkolonne, entfernt alle Kabelreste und Abfallteile, reinigt die Scheiben und übergibt das Flugzeug den Testingenieuren. Die Hallentore öffnen sich, ein Schlepper klinkt sich am Bugfahrwerk ein. Die Arbeitsbühnen rollen zur Seite, und ein Flugzeugwart geht ins Cockpit, fertig zum Rausrollen der Maschine. Die Maschine verläßt die Montagehalle und wird vor der Triebwerks-Ausrüstungshalle abgestellt.

Im Freien wird der Rumpf einem Druckdichtigkeitstest unterzogen. Zum ersten Mal wird der Rumpf verschlossen und wie ein Luftballon aufgeblasen. 3000 bar muß er aushalten, das entspricht einer Höhe von 41 000 Fuß oder 13 600 Meter. In der Halle M 90 bekommt dann das Flugzeug seine eigene Versorgung, die Triebwerke.

Jetzt sind Triebwerksspezialisten an der Reihe. APU, so heißt die bordeigene Versorgung, die Energie für Generatoren, Pumpen, Lampen und Computer am Boden liefert. Die APU ist ein kleines Kraftwerk im Heckkonus eines Airbusses mit einer Leistung von rund 180 000 Watt. Es reicht aus, um am Boden und in der Luft die Triebwerke zu starten, Druckluft zu erzeugen und alle elektrischen Anlagen zu versorgen. Hier werden aber auch die Triebwerke von GE und die von Pratt & Whitney installiert. Es folgen letzte weitere Tests einschließlich der Avionik. Das Flugzeug verläßt wieder die Halle und kommt zu einem Tank-Lecktest.

In der »Flight-Line« wird das Cockpit komplettiert und letzten Prüfungen unterzogen. Scheibenwischer müssen ihre Funktionstüchtigkeit beweisen. Es werden alle Einbauten abgeschlossen und letzten Kontrollen unterworfen.

In einer modernen Lackierhalle erhält das flugbereite Flugzeug den endgültigen Anstrich, hatte es doch vorher nur eine Grundierung als äußeren Schutz. 300 Kilo Farbe werden in mehreren Schichten auf die Maschine gebracht. Jede Airline hat ihren eigenen speziellen Anstrich, denn der »Neue« soll ja in seinen Farben zu der Flotte passen. Die Prozedur einschließlich des Einbrennens der Farbe dauert eine Woche. Dann ist das Flugzeug fertig.

In diesem nahe der Zurollbahn zum Airport Toulouse gelegenen
Gebäude von Aerospatiale erhalten die Airbusse vor ihrem Erprobungs-
und Überführungsflug eine letzte Kontrolle. Hier geht es vor allem um
Flugsteuerungs- und Cockpit-Einrichtungen.

# Innenausstattung bei MBB

Die Airbusse, schon in den Farben der zukünftigen Betreiber lackiert, werden nach einem Erstflug nach Hamburg überführt, um dort im MBB-Werk mit allem ausgestattet zu werden, was den Komfort und die Sicherheit der Passagiere an Bord ausmacht. Dabei werden je nach Version 27 000 bis 30 000 Teile in die Kabine eingebaut. Eine Vielzahl davon wird jedoch individuell nach Kundenwunsch dem Flugzeug angepaßt. Montage und Installation der Ausstattungsteile und -Systeme finden in dieser Reihenfolge statt:

* Einbringen der Kabelbäume für Beleuchtung, Musik- und Unterhaltungssystem, Video-System und Passagier-Service-System (Ruftaste und Frischluftdüsen)
* Verlegung der nichttextilen Fußbodenbeläge in den Einstiegs- und Bordküchenbereichen
* Installation der Toiletten und Bordküchen
* Montage der Fußverkleidungen, Hatracks (Ablagen) und Seitenverkleidungen
* Einbau der Decken
* Verlegen des Teppichs
* Einbau der Sitze (je nach Airbus-Typ und Kundenwunsch 200–360)
* Endkontrolle der gesamten Kabinenausstattung einschließlich aller Systeme
* Abnahme durch den Kunden

Die Fenster-, Decken- und Türenverkleidungen sind mit Folie bezogen, beziehungsweise dem Kabinendesign entsprechend eingefärbt. Sie entsprechen den Kundenwünschen. Teppiche, Passagiersitze und Bordküchen werden der Vorgabe der Airlines entsprechend ausgewählt, beziehungsweise konstruiert und bei Unterlieferanten in Auftrag gegeben. Dabei bevorzugen die Fluggesellschaften Lieferanten, die ihre Flotte einheitlich und gegebenenfalls austauschbar ausstatten können. Lufthansa wählt zum Beispiel die Recaro-Sitze aus Württemberg, und die Swissair bestellt ihre Bordküchen beim Zürcher Hersteller Bucher. Die Teppichware unterschiedlichster Qualität und Muster wird bei verschiedenen Herstellern in Deutschland, Frankreich und der Schweiz speziell für die Fluggesellschaft angefertigt und gekauft. Zu den Selbstverständlichkeiten im zivilen Flugzeugbau gehört es seit vielen Jahren, daß für alle in der Passagierkabine verwendeten Materialien der Nachweis des Selbstverlöschens geführt wird. Mit Bunsen- oder anderen Brennern rücken die Experten im Labor Werkstoffproben von Vorhängen und Trennwänden, Klapptischen und Verkleidungen zu Leibe. Jede einzelne Position einer Airbus-Ausstattung muß exakt die Vorschriften erfüllen. Ebenso wichtig, aber gesetzlich noch nicht vorgeschrieben, sind die Prüfverfahren und Grenzwerte für die Rauchentwicklung und das Entstehen giftiger Gase im Brennfall. Als industrieller Vorreiter hat Airbus Industrie diese Richtlinien bereits im Mai 1979 in der Airbus Technical Spezifikation für das europäische Programm verbindlich definiert. Bei MBB, als dem verantwortlichen Partner für die Airbus-Ausstattung, wurden für die A310 rund 80 Prozent aller Werkstoffe gemäß den neuen Standards umgestellt. Das jetzt verwendete Phenolharz erreicht in bezug auf die Rauchgasdichte kaum mehr meßbare Werte. Für den Passagier bedeuten diese Maßnahmen mehr Sicherheit an Bord. Für den Airbus-Partner war es ein Schritt ins nächste Jahrhundert. Das Gewicht der in Hamburg eingebrachten Innenausstattung beträgt je nach Version und Airbus-Typ etwa 6 Tonnen (A310) bis 10 Tonnen (A300–600). Die Montage der Innenausstattung wird nach einem vom EDV-System erzeugten Netzplan durchgeführt und vom Montageleitstand zusammen mit dem Materialfluß gesteuert.

In der modernen, mit allen Hilfsmitteln versehenen Montagehalle können gleichzeitig sechs Airbusse der Typen A300 und A310 eingedockt werden, beziehungsweise acht Airbusse, wenn davon vier des Typs A320 sind. Ist die Ausstattung eines Flugzeugs fertiggestellt, wird diese vor Ort zusammen mit Vertretern der Fluggesellschaften abgenommen. Während des nach der Ausstattungsphase stattfindenden Überführungsfluges nach Toulouse werden in den verschiedenen Flugprofilen die Innenausstattung im Fluge nochmals überprüft und die Notsysteme getestet.

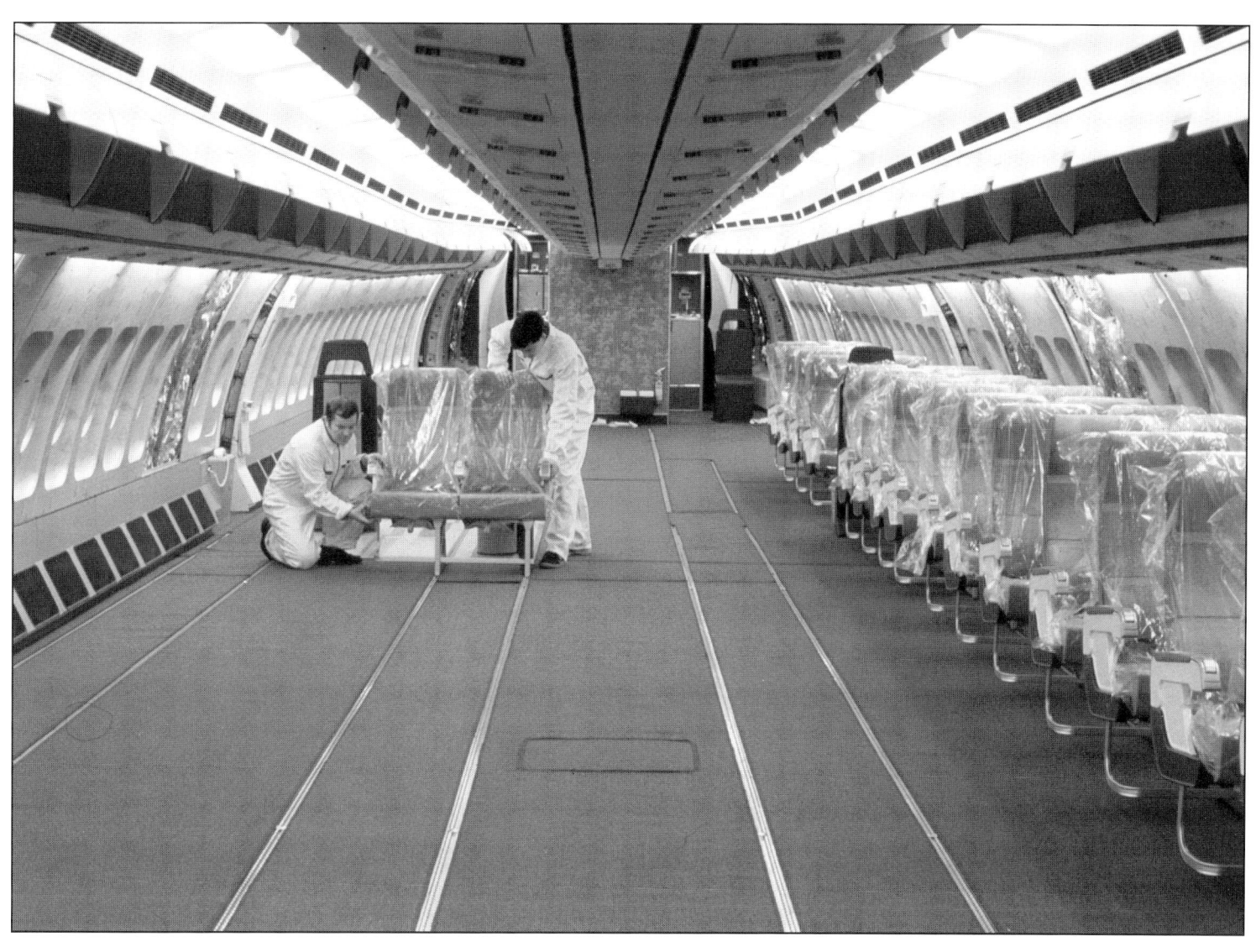

Die Ausstattung aller Airbus-Kabinen erfolgt im MBB-Werk Hamburg.

## So präsentiert sich die Kabine

Die Airbus-Typen A300 und A310 sind in der Kabine auf eine Großzügigkeit ausgelegt worden, wie sie bislang nur in Langstreckenflugzeugen neuerer Generation vorzufinden war. Bei der Optimierung der Ausstattung wurde vor allem Wert auf den Komfort des Passagiers gelegt, der in seinem Sitzbereich mehr Arm- und Beinfreiheit als in anderen Flugzeugen vorfindet.

Weil immer mehr Passagiere auf kurzen und mittleren Strecken nur mit Handgepäck reisen, wurde auch weiterer Stauraum unter der Kabinendecke der Mittelreihen geschaffen. Diese Ablagen tragen selbst schweres Handgepäck. Zwei Gänge trennen die drei Sitzreihen so optimal, daß der Zugang zum Sitzplatz bequem ist, Einstieg und Ausstieg der Passagiere nur kurze Zeit beansprucht. Großraum ist hier das Schlüsselwort.

Die Sitze wurden nach neuesten, ergonomischen Erkenntnissen gebaut. Das Design im Kabinenbereich ist betont zurückhaltend, so daß man als Passagier Geborgenheit, Sicherheit und Freundlichkeit empfindet.

Die Unterkanten der Deckenablagen sind als griffige Handläufe ausgebildet, was dem Passagier bei unruhigem Flug sicher zu seinem Platz hilft, ohne nach den Sitzlehnen greifen zu müssen.

Die Bordküchen sind schließlich nicht nur für schnelle Abfertigung,

sondern auch für gehobenen Service ausgelegt. Leselampen, Kopfhöreranschlüsse und leicht bedienbare Klapptische vom Vordersitz runden den Passagierkomfort ab. Airbus-fliegen heißt schließlich nicht nur sicher und wirtschaftlich, sondern auch besonders komfortabel fliegen. Was im A310 in der Kabine verwirklicht ist, findet – wenn auch in einer anderen Art – ebenfalls beim A320 Anwendung. Trotz seines schmaleren Rumpfes trifft der Passagier auch im A320 auf den gleichen Komfort wie in seinen großen Schwestern.

Daß man sich in der Airbus-Kabine wohlfühlt, ist mit diesem Bild wohl bewiesen. Alle Airbusse haben den Kabinenkomfort von Langstreckenflugzeugen (oben).

Eine A310-200 der Türkischen Luftverkehrsgesellschaft THY rollt in Ankara zum Start (rechts).

136

Instrumente im A310-Cockpit. Bildschirme (auf dem Bild sind zwei sichtbar) zeigen die Funktion der Systeme und die navigatorischen (hier in Parkposition) Daten an (oben).

Blick in das Airbus-Cockpit einer A310 während eines Nachtfluges von Frankfurt nach Kairo (Seiten 138/139).

Großraumkomfort in den Airbussen: Mit zwei Gängen, geräumigen Gepäckablagen und großzügiger Bestuhlung stellt der Airbus heute ein Optimum an Bequemlichkeit bei kurzen und längeren Flugreisen dar.

Zum sogenannten Ground-Check gehört auch die visuelle Kontrolle
der Triebwerke (oben).

Anflug einer A300 auf Jakarta. Der »Garuda«-Airbus hat die Landeklappen als Hochauftriebshilfen zum Teil bereits ausgefahren (links).

# Der Technologie-Sprung im Cockpit

Zwischen dem technologischen Standard eines A310-Cockpits und dem einer Boing 727 liegen 25 Jahre. 25 Jahre Entwicklungszeit für Elektronik und Meßtechnik.

Das ist etwa so, wie der zeitliche Vergleich zwischen einem Röhrenempfänger und einem Transistorradio.

Die Flugzeug-Bordinstrumentierung hat eine lange Geschichte, sie ist ebenso alt wie die Fliegerei selbst.

Die ersten Fahrtmesser waren Schalenanemometer. Von einer Druckdose war man noch weit entfernt.

Alle Funktionen wurden, soweit sie elektrisch kontrollierbar waren, über Schalter und Sicherungen geschleift. Die Anwesenheit eines Bordingenieurs und eines Navigators im Cockpit wurde in den Flugzeugen der fünfziger Jahren zu einem unumgehbaren Muß. Instrumente, Funk- und Navigationsanlagen wurden so vielfältig und unüberschaubar, daß sie vom Piloten allein nicht mehr bedient werden konnten. In den alten Propellermaschinen ging es so weit, daß der Bordingenieur beim Start das Gas bedienen mußte. Kapitän und Copilot waren zum Steuern, dem Beobachten der Instrumente und der äußeren Umgebung verpflichtet.

Bei der Umstellung auf Turboprops wuchs die Zahl der zusätzlichen Instrumente und Bedieneinrichtungen, so daß Instrumente auf dem eigentlichen Panel auf die Mittelkonsole und später sogar auf das Overheadpanel verlagert werden mußten.

Piloten mußten wahre Künstler sein. Sie regierten wie Jule Vernes in seinem Raumschiff. Zudem war harte körperliche Arbeit verlangt. Erst viel später wurden hydraulische Kraftverstärker eingeführt.

Mit dem Airbus A300 wurde im Cockpit aufgeräumt. Regel-, Funk- und Navigationssysteme wurden mit ihren Bediengeräten so übersichtlich geordnet, daß der in der A300 plazierte Bordingenieur schon weitgehend entlastet wurde.

Da Cockpit-Besatzungen teuer sind, wurde schon nach der Einführung der A300 an der möglichen Realisie-

Blick in das Zwei-Mann-Cockpit einer A300 (oben).

Sonnenaufgang vor dem Abflug einer A310 der Swissair auf dem Flughafen Saana in Nordjemen (links).

rung eines Zweimann-Cockpits gearbeitet. Mit dem noch konventionellen Zweimann-Cockpit für Garuda wurden 1981 die ersten erfolgreichen Flugversuche in eine neue Ära gemacht.

Mit dem A310-Cockpit, welches mit Kathodenstrahl-Bildschirmen ausgerüstet wurde, beschritten Airbus Industrie und die Airlines konsequent den Weg zum Zweimann-Cockpit. Es erwies sich als äußerst zuverlässig. Der Arbeitsplatz des dritten Mannes war durch die moderne Digitalelektronik praktisch nicht mehr vorhanden.

Die neuen Cockpits, wie sie auch für die A300–600er Serie hergestellt werden, überzeugen die Besatzung durch Übersichtlichkeit und Funktionalität.

Bei der A320 wird nochmals ein Sprung nach vorne gemacht, wenn die Piloten nicht mehr wie gewohnt ein Steuerhorn, sondern nur einen kleinen Sidestick, rechts oder links von ihrem »Arbeitsplatz«, vorfinden werden. Sidesticks sind kleine Steuerknüppel, die nur aus dem Handgelenk heraus mit geringer Kraft bewegt werden. Ihre Position wird elektrisch abgegriffen und der Fly-

Das Zwei-Mann-Cockpit der A310.

Cockpit der A320. Dieses Bild macht den Fortschritt in der Cockpit-Technologie sehr deutlich: Bildschirmgeräte beherrschen das Instrumentenbrett (rechte Seite).

by-wire-Steuerung, beziehungsweise den Computern zugeführt. Airbus Industrie hat dieser Einführung lange Tests und Erprobungen vorausgehen lassen. In Militär- und Sportflugzeugen gehören die Sidesticks teilweise schon seit den siebziger Jahren zum Standard. Entscheidenden Anteil für die modernen Cockpits haben die computerisierten Flight Management Systeme, die zum Beispiel Navigationssysteme, Autopilot und Leistungssteuerungen zu einem System zur Verbesserung der Wirtschaftlichkeit zur Anzeige auf dem

EFIS (Electronic Flight Instrument System = elektronisches Fluginstrumenten System) und ECAM (Electronic Centralised Aircraft Monitor = elektronische, zentralisierte Flugzeugüberwachung) bringen. Im A320-Cockpit gibt es zwei getrennte Flight Management Systeme.

Im direkten Blickfeld liegen die beiden EFIS-Systeme des Primary Flight Display (Anzeigen der Flugdaten und Fluglage) und des Navigation Display (Anzeige des Flugweges und des Farbwetterradars). Zwischen den beiden Piloten sind

die ECAM-Systeme installiert, die die Betriebszustände anzeigen. Das im Cockpit obenliegende Display wird als Engine Warning Display und das untere als System Display verwendet, welches sich jederzeit auch in eine andere Betriebsposition umschalten läßt.
Gegenüber dem A310-Cockpit macht das Cockpit der A320 einen noch aufgeräumteren Eindruck, was zur Entlastung der Piloten mit beiträgt.

# Es geht nur noch digital

Komplexe Rechenvorgänge in einem Flugzeug verlangen ein analytisches Aufarbeiten der Daten. Flugdaten etwa haben einen Nachteil: sie erscheinen zunächst nur analog. Analog ist die Anzeige eines barometrischen Höhenmessers. Die Druckdose eines solchen Instrumentes dehnt sich je nach Höhe aus oder zieht sich zusammen. Ihr mechanischer Abgriff ist mehr oder weniger linear, aber analog. Ähnlich ist es auch mit anderen Daten wie der Fahrtmesseranzeige, der Temperatur, dem Kabinendruck oder der Kraftstoffmengenanzeige.

Werden solche Geber mit elektrischen Abgriffen wie etwa Potentiometer, Kondensatoren oder induktive Übertrager versehen, dann werden Spannungs- bzw. Stromdifferenzen für eine Signalaufbereitung, sofern sie für die Fliegbarkeit des Flugzeugs erforderlich sind, in die Messung einbezogen. Dabei können nun entscheidende Störgrößen, wie etwa Temperaturschwankungen, eine entscheidende Rolle spielen, das heißt, daß der gemessene Wert mit einer Störgröße, also einem Fehler, beaufschlagt ist.

Spezialschaltungen und spezielle Bauelemente bewirken zwar eine Kompensation dieser schleichenden Fehler, doch haben die Elektroniker mit der Entwicklung der digitalen Rechner einen einfacheren Weg gefunden.

Eine Fahrtmesseranzeige von 0–500 Knoten wird dabei nicht mehr wie bei den analogen Systemen linear in eine Spannung von 0–5 Volt, sondern im Zeitmultiplex-Verfahren »getaktet«, das heißt, ein Wert, der 2,5 Volt entsprechen soll, wird bei einer konstant angelegten Spannung von 5 Volt zeitlich mehrfach ein- und ausgeschaltet. 2,5 Volt könnten in einem solchen Fall in einer Zeiteinheit von einer Millisekunde 50 solcher Schaltvorgänge beinhalten. 5 Volt wären proportional dazu 100 Ein-Aus-Schaltvorgänge. Spannungsschwankungen innerhalb gewisser Toleranzgrenzen sind dabei vollkommen belanglos. Anders sieht es hier mit Störimpulsen aus. Aber auch hier haben die Elektroniker spezielle Fangschaltungen vorgesehen.

Digitale Signale können für die weitere Verarbeitung im Rechner durch eine weitere Umsetzung in das binäre Zahlensystem zu Rechenoperationen verwendet werden. Die Rückwandlung einer Rechenoperation auf das Höhenruder, das zum Beispiel einen anderen Einstellwinkel bewirken soll, ist weitaus einfacher. Der Stellmotor, in der Regel ein elektro-hydraulisches System, kann die Stellimpulse direkt verarbeiten. An den Stellen, wo nur geringe Leistungen benötigt werden, erfüllen elektrische Schrittmotoren ihren Zweck.

Die Digitalisierung der Geberseite verursacht also die weitaus größeren Probleme. Vollkommen Abhilfe schaffen hier nun die Wandler, die aus analogen Signalen digitale Signale machen. In manchen Fällen ist auch ein direkter digitaler Abgriff möglich. Möchte man zum Beispiel den Winkel des Anstellwinkelmessers feststellen, so greift man über eine Schwarz-Weiß-Rasterscheibe mittels einer Fotozelle die Anzahl der Hell-Dunkel-Wechsel ab, den Rest besorgt der Rechner.

Um Drehbewegungen festzustellen, bediente man sich in der Vergangenheit in erster Linie dynamischer Kreisel, nur sind ihre Abgriffe analog. Mit dem Laserkreisel, der sich auch in einer Vielzahl im Airbus befindet, bekommt man bei einer Drehbewegung ein hochgenaues, bereits digitalisiertes Signal. Die Digitalisierung im Cockpit führte zu Platzeinsparung, Gewichtserleichterung und Kostensenkung. Den größten Sprung machte allerdings die Bordelektronik mit der Umstellung vom Dreimann- auf das Zweimann-Cockpit. 1981 flog die erste Maschine mit einem digitalisierten Cockpit. Die Vorgängermuster wiesen nur in Teilbereichen digitalisierte Geräte auf. Der Airbus A310 gilt als der eigentliche Schrittmacher des digitalisierten Cockpits, er befindet sich seit 1983 im Luftverkehr. Hat der Airbus A300 noch 14 Rechner für Flugsteuerung und Flugregelung an Bord, so sind es bei der A310 nur noch 7 und bei der A320 sogar nur noch 4. Moderne Elektronik hat also durchaus ihren Sinn, aber nicht nur Flugsteuerung und Flugregelung arbeiten mit digitalisierten Systemen, auch Funk- und Radargeräte werden zunehmend auf Digitalisierung umgestellt. Augenfälligstes Merkmal im Cockpit für die Digitalisierung sind die Displays, die ihre Ansteuerung aus digitalisierten Symbolgeneratoren beziehen. Der Flugregler zum Beispiel gibt, gesteuert vom Navigationsrechner, die Daten zum Fliegen einer 90-Grad-Kurve ebenso digital durch, wie der Trimmzustand des Flugzeugs beim Beladen mit Containern im Unterflurraum über digitale Sensoren im Cockpit auf einem Display zur Anzeige kommt. Schon das alte ILS (Instrumenten-Lande-System)-Verfahren arbeitete mit gepulsten und somit mit leicht erkennbaren Signalen. Beim MLS (Mikrowellen-Lande-System) wird es bereits volldigital durchgeführt.

# Flugregler helfen den Piloten

Pilotenarbeit ist auch Gefühlsarbeit. Der Mensch im Cockpit wird zum »Mehrfachsensor«, erfaßt Veränderungen der Flugsituation und setzt sie in Steuerbewegungen um. Er fliegt in gewissen Situationen mit dem Gesäß. In der Fliegerei ist das nichts Neues und wird sicherlich noch solange bleiben, wie es eine bemannte Fliegerei gibt. Nur hat der Mensch als Mehrfachsensor den Nachteil, daß er sich unter bestimmten Voraussetzungen, wie etwa beim Durchfliegen von Nebelzonen oder Wolken, sehr leicht täuschen läßt. Seine inneren Sensoren reagieren nicht realistisch und geben möglicherweise Fehlinformationen. Der Mensch funktioniert als Sensor nur solange, wie er eine Referenz hat, beispielsweise den Horizont. Zusätzliche Hilfe hat er sich durch Instrumente geschaffen. Die Instrumente bestehen jeweils aus einem Sensor und einem Anzeigegerät. Einfachere Instrumente vereinigen sogar beides, wie die »Libelle«, die mittels einer Stahlkugel in einer gebogenen Glasröhre die Querlage im Geradeaus- und Kurvenflug direkt darstellt.

Beschleunigungen sind schwieriger anzuzeigen, aber im Prinzip hilft da ein einfaches Pendel, dessen Masse bei einer Beschleunigung oder Verzögerung im teilgefesselten Zustand ausgelenkt wird. Der Grad der Auslenkung steht als Meßgröße zur Verfügung. Schwierig wird es erst beim Messen einer Drehbewegung. Hier bedarf es eines Kreisels. Die Rahmen der Kreisel verharren bei entsprechender Drehung in ihrer vorgegebenen Stellung. Jeder

Drehbewegung wird mit einer um 90 Grad entgegengerichteten Kraft begegnet. Die sogenannte Präzession (Präzession ist die ausreichende Bewegung der Rotationsachse eines Kreisels bei Krafteinwirkung) kann Hebel in Bewegung setzen, die eine direkte Anzeige ermöglichen.

Kreisel, Beschleunigungsmesser und Rechner sind die Grundbausteine von Flugreglern. Der Flugregler selbst hat in seiner einfachsten Form nur die Aufgabe, das Flugzeug in seinem vorgegebenen Flugzustand zu halten.

Nicht anders funktionierten die ersten Autopiloten. Kurshalten war zunächst die Devise. Bei der an sich monotonen Streckenfliegerei sollte der Pilot entlastet werden. Deshalb auch die Bezeichnung Autopilot für automatischer Pilot.

Mit der zweiachsigen Lageregelung, bei der auch das Kurvenfliegen eingeschlossen ist, kamen weitere Befehlfunktionen hinzu, wie etwa die automatische Höhenhaltung. Höhenhaltung bedeutet aber das Aufschalten weiterer Sensoren wie Höhenmesser und Fahrtmesser. Kommen zu den Computern weitere Sensorpakete, wie ganze Navigationssysteme, Funksysteme wie ADF (Automatic Direction Finder = automatischer Richtungsfinder), die sich auf NDBs (Non Directional Beacon = ungerichtetes Mittelwellen-Funkfeuer) und VORs (UKW-Drehfunkfeuer) aufschalten, wird der Flugregler zum Multifunktionstalent. Er übernimmt so zum Beispiel bei der zusätzlichen Aufschaltung des Instrumenten-Lande-Systems (ILS) bei entsprechenden Befehlen die gesamte Flugführung. Der Pilot übt dabei nur eine Kontrollfunktion aus. Airbusse, wie auch alle anderen Luftfahrzeuge dieser Größenord-

nung, besitzen die Voraussetzungen, automatisch zu starten und zu landen. Die Grenzen des automatischen Landens liegen bei der A310 bei der Kategorie III b, das heißt, daß der Pilot eine Mindestsichtweite am Boden von 75 Metern haben muß. Die Probleme für diese Landekategorie liegen heute nicht auf der Flugzeugseite, sondern sind bodenseitig. Die Flughäfen scheuen oft die hohen Investitionen und den Unterhalt der Anlagen. Selbst die Landung ohne Sicht ist heute schon technisch möglich. Der Airbus A320 wird imstande sein, bis zum Ausrollen nach Kategorie III c operieren zu können.

In die Klasse der Regler sind aber auch noch die vielen kleinen unabhängigen Systeme, wie die Temperaturregelung in der Kabine, die Regelung der Bremssysteme und deren Verzögerungsmöglichkeiten, die Regelung des Kabinendrucks und nicht zuletzt auch die Regelung der Triebwerke mit all ihren schwierigen Parametern, einzuordnen.

Die Triebwerksregelung hat heute wesentlichen Anteil an der Pilotenentlastung. Die modernen Bypass-Triebwerke wären nur allzu schwierig von Hand zu bedienen. Die Feinregelung nimmt der Passagier nicht wahr, wohl aber den Schubwechsel in einem Landeanflug. Vortriebsregler nennt sich diese Spezialeinheit, die dem Piloten die Last der ständig wechselnden Leistungshebelstellungen besonders im Endanflug optimieren hilft.

Regler befinden sich auch im Trimm-System und an vielen anderen Funktionsstellen. Sie sind die stillen Roboter, die Befehle an Ruder, Turbine, Klappen und Systeme weiterleiten.

# Moderne Navigationssysteme

Streckennavigation war in den Anfängen der Fliegerei Sichtnavigation. Erst später bediente man sich der Funkhilfen. 1959 wurde das UKW-Drehfunkfeuer Welt-Standard für Navigationssysteme in der zivilen Luftfahrt. Vorher gab es nur das ungerichtete NDB auf Mittelwelle. Man flog von »Funkfeuer« zu »Funkfeuer«. Die von dem UKW-Drehfunkfeuer (VOR) erzeugte Kursinformation entsteht durch die simultane Ausstrahlung zweier Signale auf gleicher Trägerfrequenz. Das eine Signal wird mit konstanter Phase rundum gestrahlt, während das zweite Signal sich in seiner Phasenlage je nach Abstrahlwinkel verändert. Bei magnetisch Nord beträgt die Phasendifferenz Null. Die Phasendifferenz ist der Winkeldifferenz direkt proportional. Die Reichweite der Funkfeuer beträgt je nach Höhe bis zu 400 Kilometer.

An Bord eines Flugzeugs werden im Empfänger, der im Frequenzbereich zwischen 108 und 118 MHz arbeitet, die Signale aufbereitet. Dabei wird die Phasenlage zwischen Referenz und variablem Signal gleichzeitig verglichen. Der Betrag der Phasendifferenz entspricht wertmäßig dem Radial, also dem Winkelschenkel, auf dem sich das Flugzeug befindet.

Die Aufschaltung eines zweiten Empfängers, des DME (Distance Measuring Equipment = Entfernungsmeßgerät), gibt die Entfernung zu dem an der gleichen Stelle wie das Drehfunkfeuer aufgestellten Impulssender, der Anfrageimpuls-Paare durch das DME-Bordgerät einleitet. Die Anfrageimpuls-Paare werden schräg vom Flugzeug zum Boden gesendet und nach einer fest vorgegebenen Verzögerungszeit auf einer unterschiedlichen Frequenz wieder als Antwortimpuls-Paare ausgestrahlt. Im Bordempfänger wird die Laufzeit, die der Entfernung direkt proportional ist, in direkte nautische Meilen umgerechnet.

Das Navigieren von VOR zu VOR und die daraus resultierende Standortbestimmung erfolgt im Airbus über das Flight Management System. Auf dem EFIS-Schirm kommt die Streckenführung zusammen mit den Kurzkennungen der VORs zur vollen Anzeige. Eine zusätzliche Anzeige zeigt den Winkel zum nächsten VOR/DME und die Entfernung bis zu diesem Punkt in Meilen an. In einer weiteren Anzeige wird der genaue Standort eingeblendet. Sämtliche Streckenpunkte müssen allerdings vor Beginn eines Fluges aus einem Festprogramm abgerufen oder direkt neu eingegeben werden. Aber auch das Anfliegen der VOR-Sender von Punkt zu Punkt unterscheidet sich kaum von der Navigation nach den NDB-Sendern. Dieses aber bis auf eine halbe Meile exakt funktionierende System funktioniert nur in den Gebieten, wo ausreichende Sendernetze vorhanden sind. Über Wüstengebieten und Meeren ist dieses System nicht mehr einsatzfähig.

Hier werden Trägheitsnavigationssysteme und satellitengestützte Anlagen verwendet (INS/Omega usw.). Ab 1988 wird allerdings weltweit das neue GPS-System (Global Positioning System = satellitengestütztes Navigationssystem) eingeführt. Dieses teilweise auf wenige Meter genau arbeitende Navigationssystem wird wegen seiner hohen Genauigkeit und seines niedrigen Anschaffungspreises alle bisherigen Navigationssysteme teilweise oder ganz ersetzen. Für das GPS-System sind 18 um den ganzen Globus laufende Satelliten erforderlich, damit eine weltweite Langstrecken-Navigation möglich wird.

GPS arbeitet wie das VOR und DME im UKW-Bereich. GPS wird in höheren Flugflächen den Flugweg direkter und mit Hilfe neuer bodenseitiger Flugführungssysteme entflochtener durchführen helfen. Zusätzlich wird damit aber auch eine sehr genaue Höhenmessung möglich sein. Die VOR- und DME-Anlagen werden aber voraussichtlich für einfachere Anwendungen noch weiter ihren Dienst tun müssen.

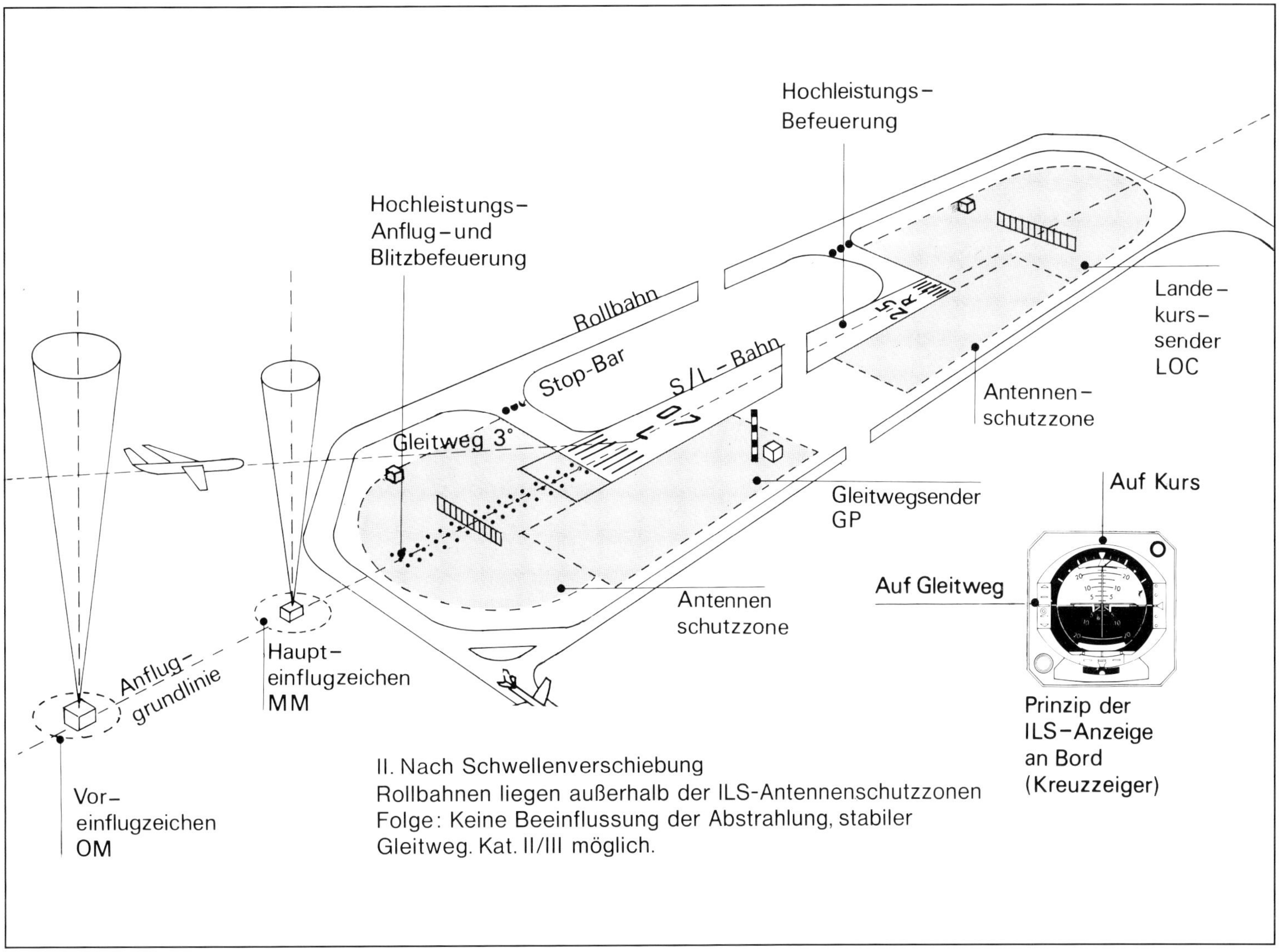

Hochleistungs-
Befeuerung

Hochleistungs-
Anflug-und
Blitzbefeuerung

Rollbahn

Stop-Bar

S/L-Bahn

Gleitweg 3°

Lande-
kurs-
sender
LOC

Antennen-
schutzzone

Gleitwegsender
GP

Antennen
schutzzone

Auf Kurs

Auf Gleitweg

Prinzip der
ILS−Anzeige
an Bord
(Kreuzzeiger)

Anflug-
grundlinie

Haupt-
einflugzeichen
MM

Vor-
einflugzeichen
OM

II. Nach Schwellenverschiebung
Rollbahnen liegen außerhalb der ILS-Antennenschutzzonen
Folge: Keine Beeinflussung der Abstrahlung, stabiler
Gleitweg. Kat. II/III möglich.

Oben: Funktionelle Darstellung einer
ILS-Anlage am Beispiel des Frankfurter
Flughafens.

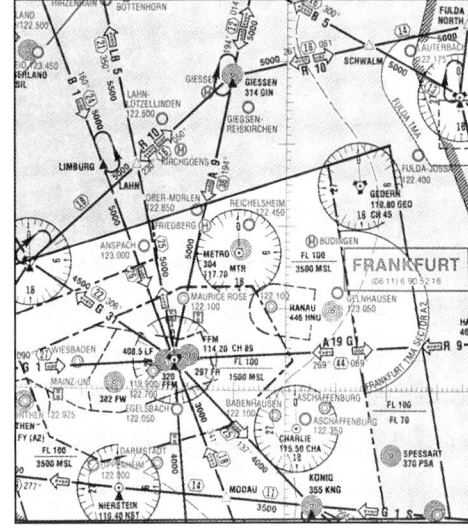

Rechts: Streckennavigation: Die
Kreise mit Gradeinteilung stellen die
Funkfeuer (VOR) dar. Sie sind die Leit-
hilfe für Piloten bzw. den Autopilot.

# Landen mit Null Sicht

Schon seit Beginn der Fliegerei gab es Schwierigkeiten, unter eingeschränkten Sichtbedingungen zu fliegen. Anfangs wurden deshalb die Flugplätze nur nach Sicht angeflogen. Wenn Nebel herrschte, wurde nicht geflogen. Die Entwicklung bis zur heutigen automatischen Landung mit praktischer Null-Sicht ging schrittweise.

Bereits 1918 flogen für damalige Verhältnisse große Flugzeuge nachts mit Kreiselhilfe zur Lagereferenzsteuerung nach England. Die Kieler Firma Anschütz machte sich schon damals mit Navigationsgeräten einen Namen.

Ein junger Ingenieur aus den USA namens Sperry wurde nach einem damals längeren Deutschland-Aufenthalt ebenfalls sehr bekannt. Sperry und Anschütz lieferten praktisch die Sensoren späterer Fluglagesteuerungen, die heute als Autopilot bekannten Bordgeräte. Die Deutsche Lufthansa führte 1929 den Wendezeiger offiziell in ihren Flugzeugen ein. Etwa zur gleichen Zeit wurde auch ein Lorenz-Patent bekannt, nach dem man in der Lage sein sollte, Präzisionsanflüge in einem Anflugwinkel von 3 Grad durchzuführen. Nachdem die Hansa bereits 1927 die Bordfunkanlagen in Betrieb nahm, war es nur noch ein kleiner Schritt bis zum ersten Instrumenten-Lande-System (ILS). Dieses System, und daran hat sich bis heute nur Unwesentliches geändert, besteht aus fünf gerichteten UKW-Funkfeuern.

Zwei Funkfeuer geben Kurs und Horizont und drei weitere, die sogenannten Marker, den Abstand vom Aufsetzpunkt an. In der Anfangsphase verzichtete man allerdings auf diese Zusatzhilfe und führte den Anflug mit einem Kopfhörer durch. Die seitliche Kursabweichung nach rechts oder links wurde durch kurze oder lange Tonpulse kenntlich gemacht. Im gleichen Verfahren arbeitete man im Horizontalwinkel, dem eigentlichen Anflugwinkel. Die Tonhöhen wurden dazu variiert. Später setzte man dafür ein Kreuzzeigerinstrument ein, das dem heutigen Flight Director im EFIS-System entspricht.

Die Präzision, mit der das ILS-System heute eingesetzt wird, hat einen so hohen Vollkommenheitsgrad erreicht, daß Landungen mit Null-Sicht möglich sind.

Die Airbusse A300 und A310 können nach der Kategorie III b gelandet werden, das heißt, daß dabei eine Mindestsichtweite von 75 Metern gegeben sein muß. Das Aufsetzen erfolgt vollautomatisch, selbst bei schlechtestem Wetter. Die Kategorie III c wird mit dem A320 möglich sein, also das Landen ohne jegliche Sicht nach vorne. Kategorie III c erfordert außerdem automatisches Ausrollen und Bremsen bis zum Abstellplatz.

Noch bessere Landehilfen bietet das MLS-System (Mikrowellen-Lande-System). Das MLS-System arbeitet mit einem einzigen sehr kurzwelligen, bodenseitigen Sender. Ein Bordcomputer errechnet, je nach Pilotenvorgabe, eine gekrümmte Anflugbahn unter Einbeziehung des kürzesten Flugweges und steilsten Anflugwinkels (für Verkehrsflugzeuge bis 25 Grad) und führt das Flugzeug somit optimal einschließlich der Landung nach Kategorie III c zum Abstellplatz. Die offizielle Einführung dieses Systems erfolgt erst 1995. Danach wird es eine mindestens 20jährige Übergangsphase geben, bis das ILS ersetzt sein wird.

# Neue Systeme

## WEGE ZUR GEWICHTSREDU-ZIERUNG UND ZUR SICHER-HEIT

Flugzeuge bewegen sich im Medium Luft. Ihre Formgebung unterliegt physikalischen Gesetzen. Wahrscheinlich ist der Vogelflug die optimierteste Art des Fliegens, auch wenn ihm, bezogen auf unsere Flugzeuge, bezüglich Geschwindigkeit und Fluggewicht Grenzen gesetzt sind.

Flugzeuge sind heute mit vielen Sicherheitszuschlägen versehen, so daß sie bis zu 50 Prozent mehr Strukturgewicht besitzen, als es überhaupt erforderlich wäre. Diese Gewichte zu reduzieren verlangt eine genaue Kenntnis des Lastverhaltens unter Extrembedingungen. Lasten sind die Luftkräfte, die auf das Flugzeug, vor allem auf sein Tragwerk, wirken.

Neben der geforderten Sicherheit, die einem mehrfachen der normalen Sicherheit entspricht, sind zum Beispiel auch Lasten zu berücksichtigen, die beim Kurvenflug und anderen Flugmanövern wirksam werden. Bei Abfangvorgängen zum Beispiel entstehen zusätzliche Biegemomente. Ein Lastminderungssystem kann diese auftretenden Luftkräfte verringern. Bei der Böenlaststeuerung wird ähnlich wie bei der Manöverlaststeuerung verfahren. Beschleunigungsmesser im Flügel veranlassen den dazugehörigen Rechner, Querruder und Spoiler in den Flächenbereichen ausschlagen zu lassen, in denen zu gewünschter Zeit Auftrieb vernichtet werden soll.

Die Einbeziehung des Flügels mit seinen Klappen zur Lastminderung ist eine der vordringlichen Aufgaben zukünftiger Überlegungen.

Geschieht dies, so wird dort der Auftrieb kurzzeitig vernichtet, und die angreifende Böe ist keine zusätzliche Last für den Flügel. Dieses System wird bei dem Airbus A320 serienmäßig sein.

Fly-by-wire ist, wie die Böenlastminderung für ein modernes Verkehrsflugzeug, eine technische Notwendigkeit. Dazu zählt auch das Wind shear protection-System, mit dem Scherwinde automatisch kompensiert werden. Der Mensch ist nicht in der Lage, schnelle Flugveränderungen wahrzunehmen und sie in Steuerbewegungen umzusetzen. Wenn sich diese Systeme in das Airbus-Konzept integrieren lassen, wird es eines Tages möglich sein, ein Flugzeug von der Größenordnung eines Airbus A300 um Tonnen leichter zu bauen.

Es ist aber auch eine Umsetzung in größere Flügel-Streckungen möglich, womit die Leistungsfähigkeit des Flugzeugs noch weiter erhöht werden kann. Nachdem der A320-Flügel eine Streckung von 9,5 hat, wird es sogar Flugzeuge mit Streckungen von über 12 geben. Damit reduziert sich der Widerstand erheblich. Auch neue Bauweisen müssen dazu beitragen.

## DIE SELBSTDIAGNOSE

Auch Flugzeuge mit ihren Triebwerken sind dem Verschleiß unterworfen. Der Verschleiß kann zu Fehlern und zum Ausfall ganzer Systeme führen. Der Früherkennung von Fehlern wird deshalb hohe Aufmerksamkeit geschenkt. Veränderung von Leistungsparametern im Laufe der Einsätze sind deutliche Hinweise für Abnutzungserscheinungen.

Da heutige Flugzeuge, dazu zählen alle Maschinen mit digitalisierten Cockpits, eine Fülle von Daten mit ihren Mikroprozessoren in ihren Computern ansammeln, ist es naheliegend, sich dieser Daten für ein Selbstdiagnose-System zu bedienen. Die Lufthansa initiierte gemeinsam mit MBB und dem Triebwerkshersteller General Electric ein System, mit dem das Triebwerk CF6-80A ständig unter Kontrolle ist. Das System hat das Kürzel AIDS = Aircraft Integrated Data System, zu deutsch Flugzeug integriertes Daten-System. AIDS bedient sich des Datenbusses im Triebwerksbereich und speichert Daten wie Betriebsdrücke, Temperaturen, Drehzahlen und Spannungen. Alle vier Stunden erfolgt ein automatischer Datenauswurf über den Triebwerkszustand. Diese Daten werden an einen eigens dafür im Cockpit eingebauten Drucker übermittelt, der schwarz auf weiß ein Zustandsprotokoll liefert. Über das Display ist es jederzeit möglich, diese Daten direkt abzufragen.

Die Langzeitbeobachtung mit AIDS führt schließlich zu einer Diagnose über das Betriebsverhalten.

AIDS ist in einem Teil der A310 und A300–600-Flotte eingebaut. Es gehört nicht zur Standardausrüstung, soll aber mit der ersten Auslieferung der A320 zusammen als MCDC (Maintenance Centralized Data System = zentrales Datensystem für die Wartung) in Kombination des BITE (Built In Test Equipment = im Computer eingebaute Testeinrichtung) serienmäßig in die Cockpits eingebaut werden. Das Kontrollsystem FIDS (Fault Isolation Detection System = Fehlersuch- und Erkennungssystem) bezieht sich auf das ganze Flugzeug, seine Klappensysteme, seine Türschließmechanismen, den Kabinendruck, das Fahrwerksystem oder die Stromversorgung der Bordcomputer. In der A320 wird per Bildschirm das Datenpaket von FIDS zur Anzeige gebracht, ein Datenausdruck ist ebenfalls möglich.

Die Weiterentwicklung beider Systeme wird dahin führen, daß ein Flugzeug schon vor der Landung über Funk die Daten zu einem zentralen Rechner am Boden leitet. Der Flugzeugwart erhält den Istzustand des Flugzeugs schon vor der Landung, so können bereits Arbeitsanweisungen gegeben werden. In diesem frühzeitigen Erkennen und Beheben von Fehlern wird nicht nur die Sicherheit, sondern auch die Wirtschaftlichkeit erhöht.

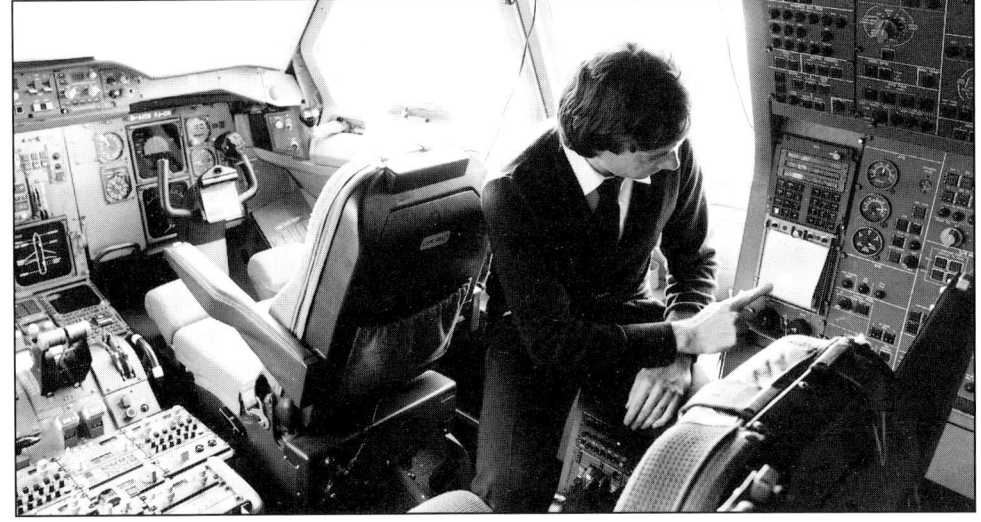

Datenausdruck eines Rechners im Cockpit, der über den Betriebszustand der Triebwerke Auskunft gibt.

## FLIEGEN PER DRAHT

Fly-by-wire, »Fliegen per Draht« ist der Schlüsselbegriff für eine neue Generation von Flugzeugen. Der Steuerknüppel beziehungsweise der Sidestick arbeitet nicht mehr über Seile und Gestänge, sondern nur noch über hauchdünne Drähte. Zwischen Sidestick und Ruder liegen Computer und elektro-hydraulische Stellmotoren. Schon der Airbus A320 ist für dieses Steuerungs-System ausgelegt.

Allgemein lassen sich Flugzeuge bis zu einem maximalen Abfluggewicht von 25 Tonnen noch leicht mit normalem mechanischen Steuergestänge fliegen. Bei höheren Reisegeschwindigkeiten und Abfluggewichten wachsen die Steuerdrücke, die der Pilot mit Muskelkraft zu überwinden hat.

Die sogenannten Handsteuerkräfte wurden in der Entwicklung der Fliegerei zunächst durch aerodynamische Hilfsruder entlastet. Spätere Entwicklungen wiesen dann elektro-

hydraulische Kraftverstärkungen auf, wie sie bei den Airbussen A300 und A310 zu finden sind. Die hydraulischen Kraftverstärker werden zwischen dem mechanischen Steuergestänge gekoppelt und entlasten somit die Muskelarbeit des Piloten. Als Folgerung aus dieser Entwicklung ist nun der Ersatz von mechanischen und hydraulischen Leitungen zu rein elektrischen Systemen zu sehen. Die Umsetzung aus elektrischer Energie in mechanische Energie großer Leistung setzt dem aber Grenzen. Erstens bedeutet das Übertragen hoher elektrischer Leistung Leitungsdrähte mit dicken Kupferquerschnitten; zweitens befindet sich der Elektro-Maschinenbau noch auf einer Stufe, die bei hohen mechanischen Leistungen zu großen Massen führt. Im Gegensatz dazu nehmen sich die elektro-hydraulischen Stellantriebe winzig aus. Erst die Entwicklung von neuen Elektromotoren mit hohen Eigenfeldstärken und durch die Verwendung neuen Magnetmaterials macht es zukünftig möglich, in Teilbereichen mit rein elektrischen Stellantrieben auszukommen. Weitere Lösungsmöglichkeiten sind durch die Her-

aufsetzung der jetzigen Bordspannung von 28 Volt auf 280 Volt Gleichspannung denkbar.

Warum nun aber Fly-by-wire? Die Antwort liegt auf der Hand. Elektrische Impulse lassen sich mit niedrigen Stromstärken viel leichter als Hydraulikflüssigkeit übertragen. Man benötigt nur dünne Kupferleitungen oder Glasfaserkabel für die Steuerbefehle vom Steuerknüppel. Zudem besteht mit dem zentralen Computer die Möglichkeit, Multifunktions-Steuerungen und Regelungen durchzuführen.

Lastminderung, künstliche Stabilität, Manöversteuerung, Flatterunterdrückung und Navigation sind nur einige dieser Aufschaltmöglichkeiten, mit deren separater Bedienung ein Pilot im Normalfall überlastet wäre. Das Flight Management System führt alle diese Systeme einschließlich des Autopiloten zusammen. Kupferdrähte verbinden diese Systeme. Mechanik wird hier überflüssig.

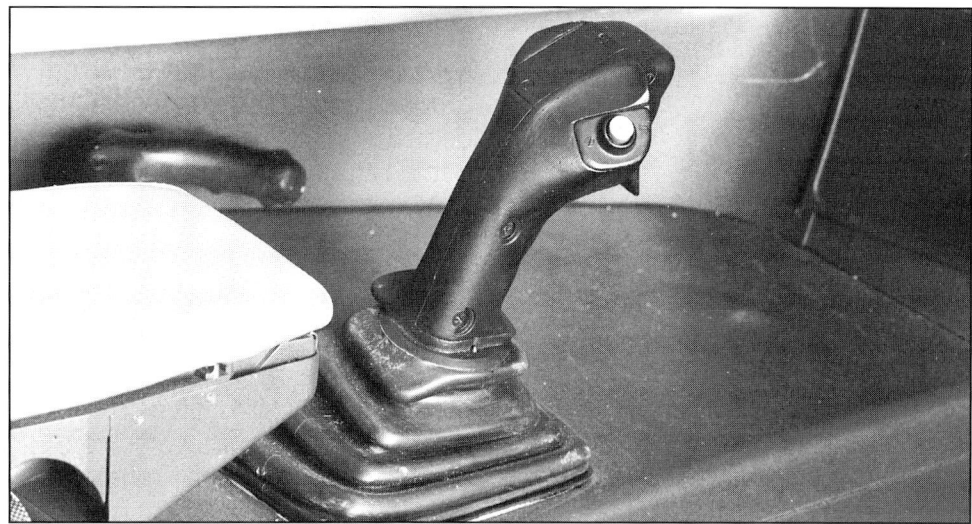

Der sogenannte »Sidestick« der A320, ein seitlich des Cockpits angebrachter Steuergriff, arbeitet über hauchdünne Drähte. Zwischen Sidestick und Ruder befinden sich Computer und elektrohydraulische Stellmotoren.

Sensoren und Computer sind die Schlüsselelemente bei einer Fly-by-wire-Steuerung. Da alle diese Elemente auch Fehler offenlegen können, brauchte die Entwicklung Zeit. Airbus Industrie ließ diese Entwicklung stufenweise einführen. Bei der A300 wurden nur die Bremsklappen Fly-by-wire angeschlossen. Bei der A310 waren es schon die Landeklappen und Vorflügel, und bei der A320 ist es zusätzlich das Quer- und Höhenruder.

EFCS (Electrical Flight Control System = elektrisches Flugsteuerungs-System) nennt sich dieses System. Fünf Computer bilden dabei die gesamte Rechnerkapazität. Neben dem eigentlichen Funktionskanal in jedem Rechner überprüft noch ein Überwachungskanal einschließlich einer Selbsttestfähigkeit die Steuerfunktion. Das EFCS übernimmt außerdem die Aufgabe der Flugregelung.

Fehler werden den Piloten im Cockpit sofort auf einem Bildschirm zur Anzeige gebracht.

## TRIMMTANK

Zwischen einem Verkehrsflugzeug der zwanziger Jahre und dem Airbus A310–300 gibt es einen engen Zusammenhang. Besagtes Flugzeug war eine Junkers F 13, die bereits 1919 mit einem Zusatztank, einem sogenannten Trimmtank, ausgerüstet war.

Der Trimmtank in der F 13 hatte dieselbe Aufgabe wie der Trimmtank im heutigen Mittelstrecken-Airbus A310–300. Zum einen diente er der zusätzlichen Treibstoffaufnahme, zum anderen sollte der Schwerpunkt für den Flug optimiert werden.

Der Pilot war vor dem Start gezwungen, mit einer Handpumpe den Kraftstoff mittels Schauglas und Ladetabelle entsprechend umzupumpen.

Beim Airbus-Trimmtank-System werden ähnliche Ziele verfolgt. Der Airbus wird dabei in die jeweils günstigste Schwerpunktlage gebracht, die für die entsprechende Flugkonfiguration erforderlich ist. Beim Start wird für eine ordentliche Flugstabilität der Schwerpunkt relativ weit vorne liegen. Das Flugzeug steigt dabei mit einem großen Anstellwinkel. Die Folge, der Flügel ist einem großen Widerstand ausgesetzt, mit den zusätzlich ausgefahrenen Klappen an Flügelnase und Flügelhinterkante erhält die Maschine eine optimale Steigfähigkeit. Wenn das Flugzeug in die Reiseflug-Konfiguration geht, ist ein anderer Anstellwinkel gewünscht. Die Klappen sind dann eingefahren. Ein Bordcomputer errechnet die jeweilig optimale Schwerpunktlage und verschiebt durch Umpumpen des Kraftstoffs zwischen Höhenleitwerkstank und Flügeltank den Schwerpunkt in die günstigste Lage.

Flugmechanisch gesehen ist diese Schwerpunktlage zwar indifferenter, doch wacht hier der Computer ständig mit den Pumpen darüber, daß das »Gleichgewicht« vorhanden bleibt. Der Computer wird aber auch seiner Sache gerecht, wenn ein oder mehrere Passagiere während des Fluges den Sitzplatz Richtung Toilette verlassen. Das geschieht praktisch bei jedem Flug.

Für den Piloten gibt es im Cockpit die cg-Anzeige – die Schwerpunktanzeige –, so daß dort eine ständige Überwachung möglich ist. Der Treibstoff wird im Unterfloor-Bereich mittels einer doppelwandigen Sicherheitsleitung hin und her gepumpt. Sinkt das Flugzeug unter 20 000 Fuß = 7000 Meter, wird der gesamte Treibstoff nach vorne gepumpt. Das Flugzeug wird für den Landeanflug wieder »kopflastig« gemacht. Diese als optimal zu bezeichnende Schwerpunktregelung, die gleichzeitig einen Nutzeffekt mit sich bringt, reduziert den Treibstoffverbrauch um etwa 1,5 Prozent.

Die Swissair ist die erste Airline der Welt, die dieses Flugzeug einsetzt.

## GEWICHTE MÜSSEN STIMMEN

Als Option erhalten die Airbus-Kunden Systeme, um den jeweiligen Beladezustand festzustellen und zu optimieren. OPCO steht für »On Board Cargo Operation System«, was soviel wie bordinstalliertes Fracht-Beladungs-System heißt. Dieses System ist über in Kugelmatten installierte Kraftsensoren in der Lage, die anrollenden Paletten und Container sofort zu wiegen und aufgrund ihres Gewichtes den optimalen Standort im Flugzeug zu bestimmen. Dadurch wird eine maximale Frachtraumausnutzung erreicht. Schwierige Berechnungen des Lademeisters über die Schwerpunktladetabelle entfallen. OPCO befindet sich im Bereich des Frachtladetores.

Weitere Sensoren messen an Ort und Stelle, ob der dafür bestimmte Container auch seine Position eingenommen hat. Die so schwerpunktoptimierte Ladungsverteilung erfolgt in Computerschnelle. Ein Drucker liefert zudem die endgültige Beladeanordnung (Lade- und Trimmpapier). Neben der ladeoptimierten Schwerpunktverteilung dient das System aber auch als Anpassung an die Strukturlast des Flugzeugs. Die Zellenstruktur ist damit vor Überlastung geschützt. OPCO wird in erster Linie für Convertible-Versionen der Airbusse angeboten, kann aber auch in den Frachträumen der Passagierversionen installiert werden. Das Weight

and Balance System, zu deutsch Gewichts- und Schwerpunktsystem, zeigt schließlich über im Fahrwerk installierte Meßsensoren das Gewicht des Flugzeugs nach der Beladung vor dem Start an.

Ein Computer rechnet dabei aus den Werten der Sensoren die Schwerpunktlage aus. Dieses System wird für alle Airbus-Versionen angeboten. Bei richtiger Anwendung beider Systeme kann das Flugzeug schwerpunktoptimiert beladen und geflogen werden, was letztendlich zu einer Treibstoffreduzierung führt.

Mit einem von MBB entwickelten elektronisch arbeitenden Fracht-Belade-System kann der Frachtraum gewichtsmäßig optimal genutzt werden.

## GEHEIMNISVOLLE AERO-DYNAMIK

Wing Tip Fences, zu deutsch Flügelspitzenzäune, sind eine Technologie der Aerodynamik, um den induzierten Widerstand zu verringern. Dort, wo an der Flügelspitze große Wirbelschleppen ausgelöst werden, verhindern flügelähnliche, vertikal angeordnete Flächen den Druckausgleich zwischen Flügelober- und Unterseite im Flügelspitzenbereich.

Damit werden die Wirbelbildung und der daraus erzeugte Widerstand verringert.

Die etwa 1,50 Meter großen Flächen haben eine stark gepfeilte Form. Diese Wing Tip Fences, die beim Airbus A300–600 und beim A310–300 serienmäßig angebaut werden, sollen nach Messungen bis zu 1,5 Prozent Treibstoff im Reiseflug einsparen.

Ein weiterer Vorteil liegt darin, daß die stark verkleinerten Wirbelschleppen für kleinere nachstartende Flugzeuge keine Behinderung mehr darstellen.

Mit »Wing Tip Fences«, zu deutsch Flügelspitzenzäune, wird der induzierte Widerstand verringert.

## So funktioniert das Triebwerk

Ein Triebwerk funktioniert im Prinzip ähnlich wie ein Automotor: Die Luft wird angesaugt, verdichtet, mit Kraftstoff vermischt, gezündet und ausgestoßen. Nur passiert dies alles nicht in einem einzigen Zylinder, sondern wird räumlich hintereinander von verschiedenen Komponenten erledigt. Von der Funktionsweise sind alle Gasturbinen, einschließlich der Hilfsturbine im Heck der Airbusse, annähernd gleich. Bei den großen Triebwerken, wie sie unter den Flügeln der Airbusse installiert sind, besorgt ein Fan das Ansaugen der Luft. Er ist eine Art mehrblättriger Propeller. Die Blätter nennt man allerdings im Triebwerksbau Schaufeln. Ein Teil der angesaugten Luft gelangt in den Verdichterbereich, der normalerweise aus zwei Segmenten besteht, dem Niederdruckteil und dem Hochdruckteil.

Beide sorgen zusammen dafür, daß die Luft am Ende insgesamt auf das rund 30fache der normalen Luftdichte zusammengepreßt wird. Die beiden Verdichter bestehen ebenfalls aus vielen Schaufeln, aufgereiht auf Scheiben und unterteilt in Stufen (10 sind es beim Hochdruckverdichter des Triebwerks V2500).

Hinter der Verdichtersektion schließt sich die Brennkammer an, in der die komprimierte Luft, mit Kraftstoff versehen, als Kraftstoff-Luft-Gemisch gezündet wird. Das sorgt natürlich für eine »Explosion«, wie im Automotor, so daß die jetzt rund 1500 Grad Celsius heißen Gase unter hohem Druck und mit großer Geschwindigkeit nach hinten austreten, dort auf den Turbinenteil treffen und ihn in Drehung versetzen.

Der Turbinenteil besteht wiederum aus der Hochdruckturbine und der Niederdruckturbine. Beide haben ebenfalls wieder Schaufelreihen, auf Scheiben montiert, und treiben über je eine äußere und innere Welle den Hochdruckverdichter und den Niederdruckverdichter an, wobei der Fan mit dem Niederdruckverdichter fest verbunden ist. Alle diese Komponenten befinden sich natürlich in einem Gehäuse, so daß die angesaugte Luft nicht ausweichen kann und sozusagen von einer Baugruppe zur nächsten weitergereicht wird.

Der Fan, der Niederdruckverdichter und die Niederdruckturbine haben aufgrund der gemeinsamen inneren Welle eine Drehzahl von etwa 3000 bis 4000 Umdrehungen pro Minute, während im Hochdruckteil der Hochdruckverdichter und die Hochdruckturbine auf der äußeren Welle mit ungefähr 10 000 Umdrehungen pro Minute drehen.

Der Start eines solchen Triebwerks erfolgt mit einem Anlassermotor über ein Getriebe auf die Welle des Hochdruckteiles. 3000 Umdrehungen reichen hier aus, um die Luft so zu verdichten, daß in der Brennkammer das Kraftstoff-Luft-Gemisch, einmal gezündet, so lange darin verbrennt, wie Kraftstoff zugeführt wird, also ähnlich wie bei einem Schweißbrenner oder Gasofen. Durch die immer größer werdende Menge der durchströmenden Luft beginnt der Niederdruckteil immer schneller zu drehen. Sobald der Hochdruckteil die Leerlaufdrehzahl von rund 50 bis 60 Prozent der Maximaldrehzahl erreicht hat, wird der Anlasser abgeschaltet. Der Hauptschub wird vom Fan entwickelt. Nur ein Drittel des Schubes wird von der Turbine mit den heißen Gasen erzeugt. Zwei Drittel kommen vom Fan.

Man nennt solche Triebwerke deshalb auch Mantelstrom-Triebwerke. Sie haben heute ein Bypass-Verhältnis von 5:1 bis 6:1. Weil der Fan mehr Luft beschleunigen muß, als verbrannt wird, ist sein Durchmesser auch um ein Mehrfaches größer als das Kerntriebwerk.

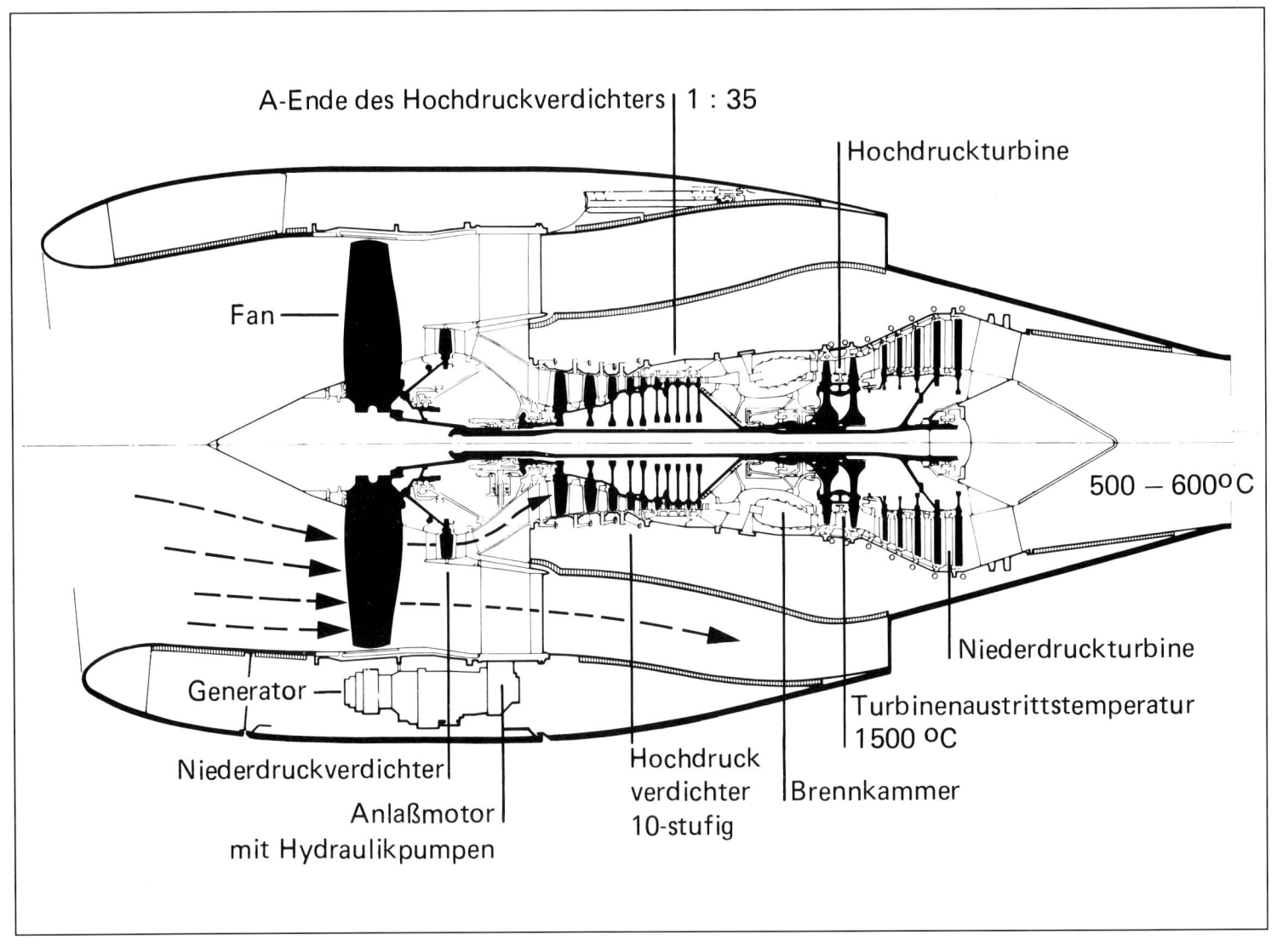

A-Ende des Hochdruckverdichters 1 : 35

Hochdruckturbine

Fan

500 – 600° C

Niederdruckturbine

Generator

Turbinenaustrittstemperatur 1500 °C

Niederdruckverdichter

Hochdruck verdichter 10-stufig

Brennkammer

Anlaßmotor mit Hydraulikpumpen

Schnitt durch ein modernes Düsentriebwerk. Erkennbar ist der Lufteinlauf (4 Pfeile), wo durch den Fan die Luft beschleunigt und als Bypass den heißen Strahl, der durch die Nieder- und Hochdruck- verdichter erheblich beschleunigt wird, ummantelt und so den Lärm sehr verringert (oben).

Airbusse fliegen zunehmend auch in den USA. Continental zählt zu den jüngeren Kunden. Airbusse werden entsprechend ihrer Auslegung besonders den amerikanischen Bedürfnissen gerecht (rechts).

Auch zwischen den USA und der Karibik fliegt der Airbus mit großem
Erfolg (oben).

Die A310 der Lufthansa ist vorwiegend im europäischen Streckennetz
eingesetzt. Darüber hinaus fliegt sie auch Städte in Afrika und im
Vorderen Orient an (Seiten 162/163).

In Südostasien gehört der Airbus auf vielen Flughäfen zum täglichen Bild.

Die Air Algerie setzt im Inland und auf dem grenzüberschreitenden
Verkehr die A310–200 ein (oben).

Eine A310 der Swissair im Landeanflug auf Zürich (Seiten 166/167).

## Vom Simulator auf den Flugzeugsitz

Bevor ein Pilot oder ein Flugzeugwart an einem neuen Flugzeug aktiv wird, muß er erst einmal die Schulbank drücken. Für den Airbus wurde deshalb in Toulouse ein spezielles Ausbildungszentrum geschaffen, wo die Schulung der Kunden erfolgt.

Vor Übergabe der Flugzeuge schicken die Airlines ihre Spezialisten, Piloten, Ausbilder oder Flugzeugwarte in dieses Ausbildungszentrum.

Aeroformation, so heißt dieses Zentrum, wurde bereits 1972 von Airbus Industrie und Flight Safety gegründet. Der amerikanische Partner Flight Safety International ist ein Ausbildungszentrum mit drei Jahrzehnten Erfahrung in der Ausbildung von Piloten und technischem Personal in den USA.

Fluggesellschaften ohne eigene Ausbildungsstätten lassen ihr gesamtes Personal, das später mit dem Flugzeug zu tun hat, bei Aeroformation in Toulouse ausbilden, während große Gesellschaften wie die Lufthansa und die Swissair ihre Instruktoren beziehungsweise Ausbilder zur Schulung schicken. Die Ausbildung der übrigen Piloten und des Wartungspersonals erfolgt in eigenen Schulungszentren.

Um nun das vorgegebene Lernziel zu erreichen, wird eine Vielzahl technischer Hilfsmittel für die Schulung eingesetzt, wie Lerncomputer, Simulatoren für das Wartungspersonal, stationäre und bewegliche Simulatoren und schließlich das Flugzeug selbst.

Die Lerncomputer, angewendet im Unterricht, vereinfachen und präzisieren die zu lernenden Aufgaben. Bei dieser sogenannten Individualschulung bestimmt der Schüler, nur eingeschränkt durch die Kursdauer, seine Lerngeschwindigkeit im weitesten Maße selbst.

Das computerisierte Lehrsystem wird von qualifizierten Instruktoren assistiert und überwacht. Sie halten ständig Kontakt mit den Konstruktionsbüros der Airbus-Partner in Großbritannien, Frankreich, Spanien und Deutschland. Die Instruktoren der Aeroformation, ob in der Piloten- oder Wartungspersonal-Schulung tätig, sind sozusagen immer technisch »auf dem laufenden«.

Die Kurse für das Wartungspersonal dauern in der Regel zwischen drei und sechs Wochen. Die Schulung umfaßt unter anderem die praktische Ausbildung auf einem Cockpit-Simulator, der eigens auf die Belange des Wartungspersonals abgestimmt ist, denn Flugzeugwarte müssen Allroundtechniker sein, von ihnen wird verlangt, daß sie das Flugzeug und seine Systeme in- und auswendig kennen. Ein Reifenwechsel muß von ihnen genausogut bewältigt werden wie der Wechsel eines Computers. Im täglichen Einsatz werden von ihnen Sachkenntnisse wie von einem Piloten verlangt.

Verspätungen sollen, falls sie vorkommen, so kurz wie möglich gehalten werden. Alle Verspätungen über 15 Minuten werden von Airbus Industrie registriert. Airbusse weisen dabei besonders günstige Werte auf. Ihre Zuverlässigkeitsrate liegt bei 98,5 Prozent und höher.

Die Umschulung eines Piloten auf den Airbus dauert 6 Wochen. Sie verläuft in drei Etappen. Der theoretische Teil ist wie beim Wartungspersonal über Lerncomputer zu erlernen. Danach geht es auf den Cockpit-Systemsimulator (CSS). Dem Training auf dem CSS folgt die eigentliche Flugschulung im Flugsimulator (FS).

Normalerweise werden sieben Simulatorflüge von je vier Stunden durchgeführt, um die Besatzung für das praktische Flugtraining auf das Flugzeug vorzubereiten. Simulatoren sind originalgetreue Nachbildungen des Cockpits eines Flugzeugtyps.

Cockpitabläufe (Procedures), Checks, Drills, Instrumentenflug und Navigation werden in bewegungslosen Simulatoren (CSS) ohne Sichtsysteme geschult. Der Flugsimulator ist ein wesentlich komplexeres System. Montiert auf sechs hydraulischen Zylindern, hat der Flugsimulator sechs Bewegungs-Freiheitsgrade. Diese erlauben, daß sämtliche Steuervorgänge wie Steigen, Sinken, Kurven nachverfolgt werden. Der Instruktor hat die Möglichkeit, naturbedingte Fakten einzugeben, wie Böen, Seitenwind, Änderung der Temperatur, Regen, Eis auf der Landebahn und vieles mehr. Die Simulation wirkt damit täuschend echt. Das Pilotenteam (Schüler + Lehrer) bekommt in diesem Simulator zusätzlich eine Sichthilfe. Einfachere Systeme haben nur eine Nachtsichtdarstellung, während die neueren Simulatoren fast alle schon mit Tages-Sichtbilddarstellung ausgerüstet sind. Die Bilder werden elektronisch erzeugt und über mehrere Bildschirme vor das Cockpit eingespiegelt. Es sind fast alle Tageszeiten einschließlich der Darstellung von Wolkenbänken und Nebelzonen unterschiedlicher Intensität möglich.

Der Instruktor sitzt links hinter dem Kapitän an einem Beobachtungspanel. Von diesem Platz aus kann er Störgrößen, also Fehler gleich welcher Art, eingeben. Ein Teil der Flugparameter wird hier direkt zur Anzeige gebracht und auch aufgezeichnet. Damit alles möglichst wirklichkeitsgetreu ist, verwenden die Simulatorhersteller zum großen Teil Seriengeräte und so auch originale Bordcomputer. Im Rechnerraum wird der gesamte Flug aufgezeichnet und steht dann zur Auswertung zur Verfügung, eine für den Flugschüler wertvolle Hilfe.

Mit Simulatoren lassen sich Flugzeuge fliegen, lange bevor sie selbst in der Luft sind. Im »Trockenen« kann man so schon frühzeitig Piloten mit neuen Mustern vertraut machen. Der Umstieg vom Simulator auf den neuen Flugzeugtyp ist dann nur noch eine Sache von Tagen. 20 »echte« Landungen reichen aus, den Piloten mit dem Flugzeug vertraut zu machen. Es folgen weitere 25 Landungen unter Aufsicht eines Lehrers, bevor der Pilot fit ist. Die Simulatoren spielen bei der Ausbildung also eine ganz entscheidende Rolle. Ihr Anschaffungswert liegt zwischen 10 und 20 Millionen US-Dollar, also, um ein Wesentliches geringer als der Preis eines Verkehrsflugzeuges.

Airlines unterhalten zum Teil eigene Simulatoren, denn auch während des Linieneinsatzes muß ein Pilot mindestens alle sechs Monate einen Checkflug auf solch einem Gerät absolvieren.

Bei Aeroformation fertig ausgebildete Piloten nehmen gemeinsam mit dem Flugerprobungsteam den »Airbus« ab und überführen ihn gemeinsam mit einem Piloten der Airbus Industrie zu seinem Heimat-Bestimmungsort.

Mit der Überführung des Flugzeugs erhält die Fluggesellschaft die technische Dokumentation. In dieser Dokumentation, die auch in Form von

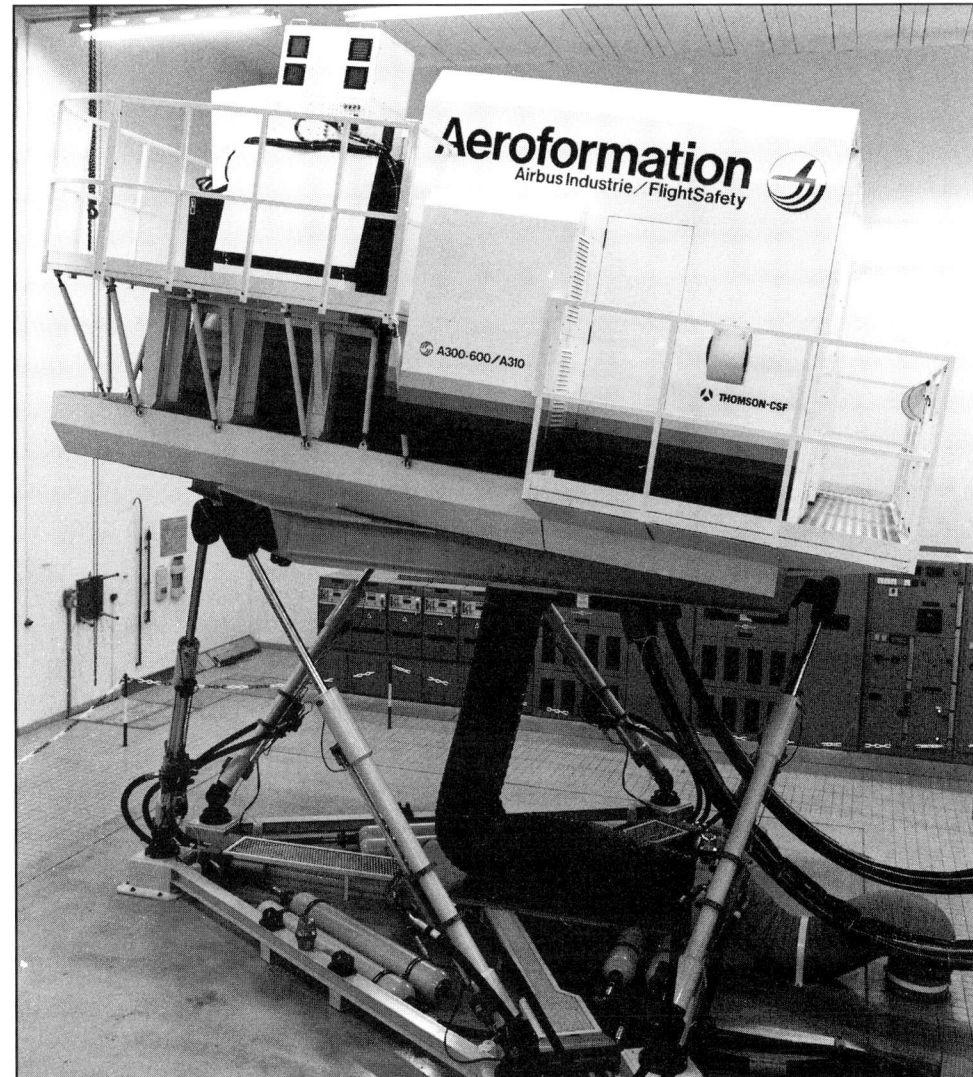

Mikrofilmen und Datenträgern erfolgt, sind sämtliche technischen Zusammenhänge des Flugzeugtyps erklärt. Es ist jeder Spant und jedes Blech, jeder Dichtring und jeder Computer aufgeführt. Erst diese vollständige Dokumentation macht es der Airline für den Linieneinsatz möglich, selbst Standard-Ersatzteile in das eigene Lager einzulegen und sich auch jederzeit des zentralen Airbus-Ersatzteillagers zu bedienen. Die Einführung eines neuen Flugzeugtyps läuft mit vielen Begleitmaßnahmen. Der Hersteller bleibt mit der Airline immer in Kontakt. Er-

Bei Airbus Industrie erhalten künftige Airbus-Piloten im Simulator ihre erste Ausbildung im „Airbus-Cockpit".

fahrungen im harten Linieneinsatz bringen Verbesserungsvorschläge, die an Airbus Industrie weitergegeben werden.

# Die Lufthansa und ihre Airbusflotte

Die Lufthansa, ein Unternehmen, das aus der Deutschen Aero Lloyd AG und der Junkers Luftverkehrs AG 1926 hervorging, hat heute 35 000 Mitarbeiter.

Ohne die Beteiligungsgesellschaften Condor, German Cargo und DLT betreibt sie gegenwärtig 116 Jets im Kurz-, Mittel- und Langstreckenbereich. Sie zählt zu den profitabelsten Airlines der Welt. Im Passagier- und Frachtaufkommen steht sie in Europa an zweiter Stelle hinter British Airways beziehungsweise Air France. Im Weltluftverkehr nimmt sie hinter US-Airlines, den Engländern und den Japanern Platz acht ein.

Die Airbusflotte wird dem Bedarf entsprechend aufgebaut. 1976 erhielt die Lufthansa die ersten Airbusse vom Typ A300B2-200. Bis 1981 wurden sechs Einheiten davon beschafft. Kurz nach der Einführung der A300B4-200 kamen weitere fünf Einheiten dieses Typs hinzu. Die Einsatzverfügbarkeit der Airbusflotte war so hervorragend, daß sich der Vorstand entschloß, mit Airbus Industrie engen Kontakt zu halten.

Bei der Umstellung der Flottenpolitik erhielt der etwas kleinere Airbus A310 eine große Chance. Nach anfänglicher Zurückhaltung, die Swissair hatte bereits geordert, wurde 1979 von der Lufthansa der Auftrag für 25 Airbusse vom Typ A310–200 erteilt.

Die ersten Maschinen trafen 1983 ein. Die letzten Maschinen dieses Typs sollen (14 Einheiten des Gesamtauftrages A310) 1987 als A310–300 ausgeliefert werden. In der Zwischenzeit sind alle älteren

Modelle vom Typ A300 aus dem Verkehr gezogen und durch 7 Einheiten A300–600 ersetzt worden. Der Airbus A310–200 zeichnet sich auch bei der Lufthansa durch eine sehr hohe Wirtschaftlichkeit und eine große Einsatzverfügbarkeit aus. Das Zweimann-Cockpit hat sich ohne Probleme einführen lassen.

Was den Service für die Airbusse betrifft, betreibt Lufthansa einen erheblichen Aufwand in seinem Wartungszentrum in Hamburg.

Die Airbusflotte wird von der Lufthansa sowohl im innerdeutschen,

Durch hohe Wirtschaftlichkeit und große Einsatzverfügbarkeit zeichnet sich bei der Lufthansa der Airbus auch auf innerdeutschen Strecken aus.

vor allem aber im grenzüberschreitenden Verkehr eingesetzt. Bei den Passagieren ist der Airbus ein beliebtes Flugzeug.

1985 fiel bei der Lufthansa die Entscheidung zum Kauf des kleinen 150sitzigen Airbusses A320. Lufthansa-Ingenieure arbeiten heute in Projektplanungsgruppen an der Realisierung der Aribus-Typen mit.

## Die Lufthansa-Tochter Condor

Die Condor Flugdienst GmbH wurde 1955 als selbständiges Unternehmen für den Touristik- und Charterdienst gegründet. Sie zählt zu den größten Ferienfluggesellschaften der Welt. Ihr Flugzeugpark umfaßt 15 Maschinen, zu denen in den Sommermonaten zusätzliches Gerät gechartert wird. So wurden erstmals 1983 schon zeitweise zwei Airbusse vom Typ A300 der Deutschen Lufthansa im Condor-Charterverkehr eingesetzt.

Condor beschäftigt rund 1100 Mitarbeiter, von denen 800 im fliegerischen Bereich sind. Die relativ niedrige Anzahl der Bodenmitarbeiter erklärt sich aus der Nutzung der Infrastruktur (z. B. bei der Abfertigung und Wartung der Maschinen) der Mutter Lufthansa.

Condor befördert mehr als ein Viertel aller deutschen Charterurlaubsreisenden.

Drei im Frühjahr 1985 gekaufte Airbusse A310 runden die Typenpalette der Ferienflieger-Flotte, die noch um eine weitere A310 ergänzt wird. Die Flotte besteht sonst aus Flugzeugen von Boeing und McDonell-Douglas. Die A310–200 sind für die Condor, ihren Bedürfnissen entsprechend, mit 265 Sitzen ausgestattet. Es werden damit die europäischen Hauptferiengebiete in Spanien, insbesondere die Balearen und Kanarischen Inseln, in Italien und Griechenland angeflogen, aber auch Fernstrecken, zum Beispiel Colombo auf Sri Lanka, werden bedient.

Die an Reiseunternehmen vercharterten Flugzeuge sind meistens ausgebucht. Die Gewinne von Condor werden an die Lufthansa abgeführt.

Ibiza gehört zu den vielen Zielflughäfen, die mit den Airbussen von CONDOR angeflogen werden (links).

Hapag Lloyd hat die Möglichkeit, die A300 C4 (Convertible Version) sowohl für Passagiere als auch für Fracht einzusetzen (rechts).

## Hapag Lloyd Flug GmbH

Die Hapag Lloyd Flug GmbH wurde 1973 gegründet. Die Bavaria German Air wurde später dazugekauft. Die Hapag Lloyd Flug ist eine Tochter der in Hamburg und Bremen beheimateten Hapag Lloyd AG, einem Transportunternehmen, das auf eine lange Tradition zurückblicken kann. Als unabhängiges Touristik-Unternehmen unterhält die Hapag Lloyd eine Flotte von 13 Jets, wobei sieben Airbusse A300B4 mit 315 Sitzplätzen den größten Flugzeugtyp darstellen.

Die Flotte wird bedarfsorientiert, größtenteils für den Touristikverkehr eingesetzt. Eine Maschine der Airbus-Flotte ist eine sogenannte C-Version. C steht hier für Convertible. Zeitweise kann dieses Flugzeug für den Frachtverkehr eingesetzt werden. Der Vorteil dieses Typs liegt darin, daß die Bestuhlung innerhalb kurzer Zeit gegen Frachtrollenbänder ausgetauscht werden kann. Um auch entsprechende Fracht laden zu können, hat die C-Version vorne links eine große Frachttür.

# Die Swissair, Balair und ihre Airbusflotte

Die Swissair, heute mit einem Mitarbeiterstab von 17 000, kann bis in das Jahr 1931 zurückblicken. In der damaligen Zeit in einem Alpenland einen Luftverkehr aufzubauen, war aufgrund der natürlichen Hindernisse eine mutige Tat. Mit einer einmotorigen Fokker F VIIa begann die damals noch als Swiss Airlines geführte Linie einen regelmäßigen Streckenverkehr.

Ohne die Beteiligungsgesellschaft Balair betreibt die Swissair heute eine Flotte von 52 Jets im Kurz-, Mittel- und Langstreckenverkehr.

Als private Aktiengesellschaft zählt sie zu den profitabelsten Airlines der Welt. Im europäischen Passagier- und Frachtaufkommen nimmt sie Platz sieben, beziehungsweise Platz sechs ein. Im Weltluftverkehr verteidigt sie erfolgreich Platz 16, beziehungsweise Platz 17.

Während ihres Bestehens trat die Swissair schon öfters als Launching Customer (Erstbesteller) hervor. 1960 begann bei ihr mit einer DC-8-32 das Düsenzeitalter. Die DC-8-32 wurde im Langstreckenverkehr eingesetzt. Mit der ersten DC-9-15 stellte die Swissair auch den Kurzstreckenverkehr auf Jets um. Die ständige Erneuerung dieser Flotte ließ zunächst keinen Bedarf für ein Flugzeug vom Typ Airbus zu. Ende der siebziger Jahre stieg der Bedarf aber so stark an, daß die Swissair mit Airbus Industrie Kontakt aufnahm. Die guten Erfahrungen, die die Piloten mit dem Zweimann-Cockpit in der DC-9 machten, wollte man unbedingt auch auf ein Flugzeug wie den Airbus übertragen sehen. In der Schweiz gab es nie eine Diskussion über das Zweimann-Cockpit wie in Deutschland. Die Swissair bestellte 1979, kurz vor der Lufthansa, den Airbus A310-200. Die erste Maschine wurde 1983 dann auch kurioserweise auf der einen Seite mit Swissair- und auf der anderen Seite mit Lufthansa-Bemalung aus der Halle in Toulouse gerollt. Die Übergabe der ersten Serienflugzeuge an die beiden Gesellschaften erfolgte nahezu zur gleichen Zeit.

Die Maschinen werden innerhalb der Schweiz nur auf der Strecke Zürich–Genf eingesetzt. Mit der A310-200-Version, die aus Rationalisierungsgründen bei der Swissair wie die Boeings und die DC-10 mit Pratt & Whitney-Triebwerken fliegt, werden England, Frankreich, Spanien, Portugal, Italien, Griechenland, die Türkei und Ägypten bedient. Da bei der Swissair ein besonders hohes Verkehrsaufkommen auch in andere afrikanische Länder und in den Mittleren Osten zu verzeichnen ist, wurde die DC-10 teilweise durch die neue A310-300 (mit Trimm-Tank) von 1986 an ersetzt. Auch für diesen Flugzeugtyp ist die Swissair wieder Launching Customer.

Wie sich aus dem Flugbetrieb der Swissair mit den sechs A310-200 und A310–300 gezeigt hat, besitzt der Airbus eine sehr hohe Zuverlässigkeitsrate.

Ähnlich wie bei der Lufthansa arbeiten Swissair-Ingenieure und Piloten an der Realisierung zukünftiger Airbus-Typen mit, und so darf man schon heute davon ausgehen, daß der A310 nicht der letzte Swissair-Airbus ist. Auch die Swissair-Tochter Balair fliegt inzwischen drei A310–300.

Die Airbusse vom Typ A310-200 und A310-300 von Swissair werden auf ihren Strecken in Europa und Afrika eingesetzt.

# Airbus im europäischen Ausland

Neben den im deutschsprachigen Raum ansässigen Airlines Lufthansa, Swissair, Condor und Hapag-Lloyd fliegt auch eine Reihe anderer Airlines das europäische Großraumflugzeug Airbus. Austrian Airlines wird ihre zwei A310 erst zu einem späteren Zeitpunkt erhalten. In Frankreich ist es die Staatslinie Air France und die innerfranzösische Fluggesellschaft Air Inter. Beide unterhalten gemeinsam eine Flotte von 37 A300 und A310. Dazu wurden 37 Maschinen des Typs A320 geordert.

Holland fliegt mit der KLM und Martinair zwölf Maschinen des Typs A310. Belgien unterhält bei der Sabena drei A310. Die italienischen Nachbarn fliegen bei der Alitalia acht Airbusse des Typs A300. Spanien hat bei der Iberia sechs A300. Griechenland betreibt acht A300 bei Olympic Airways. Die SAS-Tochter Scanair hat drei Airbusse des Typs A300 in ihrer Flotte, und England ist als Partnerland nur durch British Caledonian Airways demnächst mit sieben A320 vertreten. Cyprus Airways ist eine Luftverkehrsgesellschaft, die mit der A310

startete. Drei A310 sind im Einsatz, und es sollen später noch vier A320 folgen.

Inex Adria in Jugoslawien wird fünf A320 erhalten. Zudem fliegt eine ganze Flotte von Airbussen für Pan American World Airways im Berlin-Verkehr.

Zu den europäischen Luftverkehrsgesellschaften, die Airbus fliegen, gehört auch die griechische Gesellschaft Olympic Airways.

## Airbus in den USA

Amerikaner haben oft ein sehr realistisches Urteilsvermögen. Als Passagiere stellen sie im Airbus fest, in einem sehr angenehmen Flugzeug transportiert zu werden. »It's the Airbus«, wird des öfteren anerkennend betont. Die Akzeptanz des europäischen Airbusses ist denn auch weit größer als vorangegangene europäische Flugzeugmuster. Der erste große Verkauf auf dem nordamerikanischen Kontinent kam mit der

Eastern Airlines zustande. Eastern kaufte auf einen Schlag die damals größte Airbus-Flotte mit 34 Maschinen des Typs A300. Den größten »Deal« aber machte PAN AM mit 92 geleasten und bestellten Airbussen der Typen A300, A310 und A320. Ein Teil der Maschinen befindet sich bereits seit Dezember 1984 im Einsatz. Continental Airlines ist mit sechs A300 ein weiterer Kunde. Dazu kommen in den nächsten Jahren Northwest Orient mit zunächst zehn A320 sowie die Leasing Gesellschaft GATX mit weiteren zehn Airbussen vom Typ A320.

Airbusse auch in den USA.
Eastern Airlines gehört zu den größten Airbus-Kunden. Landung einer A300 in New York-La Guardia.

175

# Airbus in Asien

Außer in Europa fliegen die meisten Airbusse im asiatischen Raum. Der jüngste Verkauf von drei Airbussen A310 an die Volksrepublik China signalisiert eine gute Verbindung zwischen China und Airbus Industrie. Größter Airbus-Kunde in Asien ist gegenwärtig Thai Airways International mit 17 Airbussen A300 und A300-600, gefolgt von Indian Airlines mit elf A300.

Indian Airlines wird dabei nach gegenwärtigem Stand mit 19 bestellten A320 die Führungsrolle auf dem asiatischen Markt übernehmen.

Bei den arabischen Ländern stehen Kuwait Airways mit drei A300-600 und acht A310 sowie Saudi Arabien Airlines mit elf A300-600 an erster Stelle, und dazu sind noch zwei A300-600 von Private Flight Abu Dhabi zu rechnen.

Zu diesen Airlines sind noch folgende hinzuzuaddieren: Air India mit drei A300 und sechs A310, China Airlines auf Taiwan mit fünf A300, Garuda Indonesian Airways mit neun A300, Iran Air mit fünf

Indian Airlines betreibt auf dem Subkontinent vor allem die Strecken innerhalb der Grenze Indiens (oben).

Airbusse von „Thai International" bedienen heute fast alle Länder Südostasiens (links).

Eine A310-200 der Volksrepublik China auf dem internationalen Airport Shanghai. Die A310 der CAA fliegt auch nach Hongkong und Japan (rechts, oben).

Auch die TOA Domestic Airlines, die innerjapanische Luftverkehrsgesellschaft, fliegt mit Airbus erfolgreich (rechts).

A300, Korean Air mit zehn A300 und drei A300-600, Singapore Airlines mit sechs A310–300, die zuvor acht A300 besaßen, Malaysian Airline System mit vier A300, Pakistan International Airlines mit sechs A300, Philippine Airlines mit ebenfalls fünf A300, Thai Airways mit zwei A310, TOA Domestic Airlines mit zehn A300 und Turk Hava Yollari mit sieben A310. Das sind gegenwärtig 136 Airbusse.

## Airbus in Afrika

Afrika ist ebenso wie Asien ein klassisches Abnehmerland europäischer Flugzeuge. South African Airways unterhält fünf A300. Air Afrique betreibt drei A300, Air Algerie zwei A310, Egyptair acht A300, Kenya Airways zwei A310, Libyen Arab Airlines vier A310 (bestellt), Nigeria Airways vier A310 und Tunis Air ein A300 Airbus das sind zusammen 29 Airbusse.

Fünf A300 hat die SAA (South African Airways) auf ihrem afrikanischen Streckennetz im Einsatz. Im Vordergrund eine Ju 52, die einst auf den heutigen Airbus-Strecken flog.

## Airbus in
## Süd- und Mittelamerika

Auch Südamerika zählt zu den klassischen Abnehmerländern europäischer Produkte, aber ähnlich wie Afrika hat auch Südamerika finanzielle Probleme. Größter Betreiber ist gegenwärtig VASP mit drei A300. Dazu gesellen sich nur noch Air Jamaica mit zwei A300, Cruzeiro do Sul mit ebenfalls zwei A300 und VARIG mit zwei A300 Airbussen.

Ein Airbus der Air Jamaica. Diese Airline bedient die USA und die Karibik (oben).

Auf dem südamerikanischen Kontinent fliegt neben VASP und VARIG auch CRUZEIRO den Airbus (links).

# Airbus in Australien

TAA, Trans Australien Airlines war der erste Betreiber mit fünf Airbussen auf dem australischen Kontinent. Neun A320 sollen folgen. Ansett, der größte Konkurrent dieser Gesellschaft, entschied sich zu einem späteren Zeitpunkt für die Boeing 767, orderte aber im Frühjahr 1985 acht Flugzeuge des Typs Airbus A320. Und zwischen den Inseln im Norden fliegt für Air Niugini ein A300, der von TAA gechartert wurde.

Zu den australischen Airbus-Betreibern gehört TAA, Trans Australian Airlines (rechts).

Air Niugini bedient mit der A300 Plätze Australiens und Südostasiens (unten).

# Wartung und Betreuung

Will eine Airline ihren Liniendienst möglichst ohne Störungen abwickeln, so muß sie auch dafür Sorge tragen, daß ihr fliegendes Gerät sich immer in einem einwandfrei technischen Zustand befindet. Zwar tragen schon heute die neu eingeführten automatischen Überprüfungssysteme AIDS und FIDS dazu bei, daß man Fehlern rechtzeitig auf die Spur kommt, aber letztlich ist bei vielen auch eine direkte Sichtinspektion unumgänglich. Sichtinspektionen werden von Flugzeugwarten vor jedem Flug vorgenommen. Da muß mal ein Bordcomputer oder ein Bildschirm ausgetauscht werden, und es kann hin und wieder auch mal ein Reifen gewechselt werden müssen, aber sonst rechnet man damit, daß so ein Trip-Check nicht länger als 20 Minuten dauert.

Außerdem gibt es dann noch die routinemäßigen Checks, die beim Airbus nach jeweils 400 Stunden durchgeführt werden. Ein solcher Check wird in den Wartungshallen ausgeführt. Dann werden in einem »Rund-um-die-Uhr-Prozeß« Triebwerke in ihre Hauptbestandsgruppen zerlegt.

Mit dem Endoskop wird das Innere der Turbinen inspiziert, und wenn der Beschädigungsgrad der Triebwerksschaufeln zu weit fortgeschritten ist, muß sich das Triebwerk einer Totalrevision unterziehen. Dabei werden auch die mechanischen Baugruppen zum Ausfahren der Klappensysteme kontrolliert. Bei der Lufthansa in Frankfurt arbeiten die Mechaniker, Elektroniker, Lackierer, Tischler und Schlosser, die eine Spezialausbildung genossen haben, im Schichtbetrieb. 18 Stunden kann so eine Revision dauern, bei der auch schon mal rein routinemäßig Verschleißteile ausgewechselt werden. 2500 Flugzeugwarte sind dort beschäftigt. An einem Flugzeug können bis zu 60 Warte gleichzeitig arbeiten. Die Ersatzteile kommen aus dem Airlineeigenen Lager. 186 000 verschiedene Positionen sind es für die gesamte Flotte, die aus sechs verschiedenen Grundtypen besteht. Gearbeitet wird mit System. Jeder Flugzeugwart hat seine Arbeitsblätter, nach denen er die Inspektionsgänge durchführt. Prüfer zeichnen nach Beendigung der Arbeitsgänge, nach einer weiteren Kontrolle gegen.

Die Inspektionen gehen reihum. Die älteren Flugzeuge sind am häufigsten dran. Bei den Airbussen sind schon viele Inspektionen überflüssig. So sind denn auch bei der Swissair und der Lufthansa nur selten Airbusse in der Wartungshalle mit »echten« Fehlern zu sehen. Die Wartung, die unabhängig von eventuell auftretenden Fehlern durchgeführt wird, dient dem sicheren Flugbetrieb und der langen Lebensdauer.

Verläßliche Wartung und Betreuung von Flugzeugen sind ein Garant für die Sicherheit beim Fliegen. Hier ein Airbus A300 im Aircraft Service Center Lemwerder von MBB.

# Generalüberholungen

Ein Airbus hat eine Lebensdauer von rund 70 000 Flugstunden; ein langes Leben. Das sind, umgerechnet bei einer durchschnittlichen Flugdauer von 2,5 Stunden, 28 000 Starts und Landungen. Nach 5000 Landungen, die einer Gesamteinsatzdauer von mehr als 3 Jahren entsprechen, erhalten die Flugzeuge ihre erste Totalrevision. Dann werden innerhalb von vier Wochen sämtliche Baugruppen einer genauen Untersuchung unterzogen. Da geht man mit Ultraschall- und Röntgengeräten an die besonders schwer zugänglichen Stellen der Grundstruktur. Da wird die alte Farbe abgewaschen. Da entfernt man die durchgesessenen Sessel der Kabine und reißt die inzwischen verschlissenen Teppiche vom Boden.

Die Triebwerke werden aus ihren Aufhängungen genommen. Das Flugzeug wird so hochgebockt, daß sich auch die Fahrwerke entfernen lassen. Fast jede Verkleidung, gleichgültig ob am Rumpf-Flügelübergang oder irgendwo im Cockpit, ob am Leitwerk oder im Frachtraum, muß der strengen Kontrolle wegen ebenso weichen wie die Cockpitscheiben, die durch »Erosion« blind geworden sind. Totalrevision heißt, dem Flugzeug in den Leib gucken. Feststellen, ob die Grundstruktur eventuell Schaden erlitten hat. Zwar dürfte die Zelle keine ernsthaften Schäden vorweisen, doch Vorsorge ist immer geboten. Rund eine Million Menschen wurden mit dem Flugzeug bis zu diesem Zeitpunkt geflogen. Eine Million Gäste wurden durch die Bordküche versorgt. Bordküchen oder Galleys, wie der Fachmann sagt, sind maßgeschneiderte Kücheneinrichtungen, die nicht mit einer modernen Haushaltsküche vergleichbar sind. Galleys sind auf extreme Belastungen eingerichtet. Dort muß auf engstem Raum schnelles und praktisches Arbeiten möglich sein. Auch diese Küchen werden vollkommen ausgebaut. Naßbereich nennen die Flugzeugausstatter diese Abteile, die meist in den Frontbereichen der Kabine und den hinteren Gängen enden. Zu den Naßbereichen zählen auch Toiletten- und Waschräume. Es kommt vor, daß Turbulenzen den Passagier im Waschraum überraschen. Wasser schwabbt aus dem Handwaschbecken, verteilt sich auf dem Boden und dringt in Ritzen und Spalten. Bei der Revision wird auch dafür Abhilfe geschaffen.

Viele Airlines wie Lufthansa, Swissair, South African Airways, PAN AM und Singapore Airlines, Air France und Air Inter führen diese Arbeiten in ihren eigene Werften aus. Vier Wochen, in denen das Flugzeug total entkleidet und anschließend wieder vollkommen neu eingekleidet wird. Aus der Halle rollt, wie aus dem Ei gepellt, ein Flugzeug, das von einem neuen kaum zu unterscheiden ist.

Viele Airlines haben diese Einrichtungen und auch das Fachpersonal nicht. Hier bieten sich Wartungsbetriebe wie das MBB-Werk in Lemwerder bei Bremen an.

Lemwerder ist ein Wartungszentrum, das sich auf Airbusse spezialisiert hat. In Lemwerder werden Airbusse, aber auch andere Flugzeugtypen aus der ganzen Welt gewartet.

Zur Betreuung eines Airbusses gehört auch die farbliche Erneuerung.
Im Dock in Lemwerder wird ein Airbus für die Farberneuerung vorbereitet.

# Ersatzteile für alle Fälle

Da fährt in Kairo ein angelernter Gabelstapler-Fahrer unvorsichtigerweise mit seinem Gerät an die rechte Catering-Tür eines Airbusses und hebt sie aus den Angeln. Die Maschine ist nicht mehr einsatzfähig und muß in eine Park-Position gebracht werden. Die Airline fordert nach Begutachtung sofort bei Airspares über die Telex-Nummer 214742 in Hamburg eine neue Tür mit den erforderlichen Beschlägen an. Zwei Stunden später ist der Vorgang schon abgewickelt. Ein Passagierflugzeug hat in seinem Frachtraum den Ersatz nach Zürich gebracht. Dort wurde er in die Linienmaschine, eine A310, nach Kairo umgeladen. Zwischen Anforderung und Anlieferung auf dem Kairoer Flughafen sind kaum 15 Stunden vergangen. Die Tür wird von vier Flugzeugwarten, die mitgekommen sind, eingebaut. Nach weiteren drei Stunden ist die Maschine wieder einsatzbereit.

Dies ist kein ungewöhnlicher Fall. Airspares, das Spares Support Center der Airbus Industrie, hält in seinem Hamburger Lager, das von MBB betrieben wird, auf 12 000 Quadratmeter seit 1973 ständig mehr als 80 000 verschiedene Baugruppen und Bauteile, vom Spezialbolzen bis zum kompletten CFK-Seitenruder, für alle Airbus-Kunden bereit. 200 Mitarbeiter sichern rund um die Uhr eine schnelle Bearbeitung der angeforderten Ersatzteile, die unter Umständen in den Airline-eigenen Ersatzteillagern nicht geführt werden. Airspares garantiert mindestens vier Stunden nach Auftragserteilung die Auslieferung des gewünschten Ersatzteiles.

Neben dem zentralen Hamburger Ersatzteillager gibt es noch weitere Lager in den USA (Washington) und in Südostasien (Hongkong).
Die Teile kommen aus der Serienfertigung der Airbus-Partner und werden in Stückzahlen je nach Bedarf an die einzelnen Lager, einschließlich des Hamburger Ersatzteillagers, versandt. Hamburg wurde von Airbus Industrie der guten Infrastruktur (Bahn, Schiff, Autobahn und Flugzeug) wegen ausgewählt, was sich nach mehr als zehn Jahren als richtig erwies.
Eine beschädigte Tür ist also kein großes Problem.

Eine A300 von Eastern Airlines im Anflug auf den Flugplatz einer Karibischen Insel (rechts).

Ein Airbus von MAS (Malaysian Airline System) vor dem Start
in Kuching, Borneo (oben).

Über dem Häusermeer von Hongkong: Anflug eines Airbusses der
Thai International auf den Flughafen Kai Tak (links).

Seit vielen Jahren im harten Einsatz: A300B4 der SAA in Kapstadt.
Die Airline bedient damit den Inland-Flugverkehr (oben).

Fliegt meistens zwischen den Inseln von Neu-Guinea: Eine A300B4
der Air Niugini mit tropischer Bemalung (rechts).

Nach der Landung eines Airbusses der TDA: Einwinken auf den »Park-
platz« (oben).

In der Volksrepublik China wird die Infrastruktur für den Luftverkehr
ständig verbessert. Ein Airbus rollt in Shanghai zum Start.

## Planung für die Zukunft

Ein Flugzeughersteller darf aufgrund der Konkurrenzsituation auf einem Entwicklungsstand nicht stehenbleiben. Nach immer besseren Lösungen in der Vielzahl der Aufgaben wird geforscht.

Am Beispiel der A300 wird deutlich, wie sich ein Flugzeugtyp im Laufe von Jahren den Marktbedürfnissen anpaßt. Neben neuen, wirtschaftlicheren Triebwerken hat das Flugzeug ein Zweimann-Cockpit und einen verbesserten Flügel erhalten. Der vermehrte Einsatz von Kunststoffen reduzierte das Gesamtgewicht und erhöhte andererseits die Nutzlast.

Dennoch war außerdem die Entwicklung eines neuen Flugzeugs wie die A310 als erster Schritt zu einer Airbus-Familie notwendig.

Zwei Welten auf einem Bild: ein Airbus der Indian Airlines über bäuerlichem Gebiet Indiens (links).

## Neue Flugzeug-Generationen

Für Airlines und Passagiere ist die Airbus-Serie A310 noch sehr jung, während auf den Bildschirmen schon die Umrisse möglicher neuer Flugzeugtypen entstehen, die im nächsten Jahrtausend aus den Hallen rollen sollen.

Flugzeugprogramme brauchen heute wegen ihrer Komplexität je nach Größenordnung allein für ihre Konzeptionierung viele Jahre Vorlaufzeit. Im Airbus-Konsortium der heutigen Partner, Messerschmitt-Bölkow-Blohm, Aerospatiale, British Aerospace und CASA, wird über 100sitzige Flugzeuge ebenso nachgedacht wie über Supersonic-Flugzeuge. Zwischen Planung und Realisierung liegen jedoch oft Welten. Da ändern sich innerhalb von wenigen Jahren die Marktforderungen. Als die Airbus-Partner Aerospatiale und British Aerospace vor rund 20 Jahren die Concorde konzipierten, schien zumindest zur damaligen Zeit ein Markt für diese Flugzeugklasse zu bestehen. Die Erkenntnis, daß dieser Markt nun aber doch nicht vorhanden ist, mußten die Airlines und die Hersteller schmerzlich erfahren.

Wenngleich dieses Flugzeug in vielen Dingen seiner Zeit voraus war, mangelte es jedoch am Notwendigsten, am Kabinenkomfort. Die Akzeptanz beim König Kunden war und ist bescheiden klein.

Heute steigt Airbus Industrie in die 150-Sitzer-Klasse ein. Der Airbus A320 soll ab 1988 in den Linieneinsatz kommen. Er vereinigt ein hohes Maß neuzeitlicher Ideen und Technologien.

Speziell dafür entwickelte Trieb-

werke mit einem hohen Bypass-Verhältnis werden ihn zum wirtschaftlichsten Flugzeug der achtziger Jahre machen. Ein noch weiter verbessertes Cockpit auf Basis des A310-Entwurfs wird den »Arbeitsplatz Pilot« mit modernster Elektronik noch funktioneller machen. Er wird eine ganze Generation veralteter Flugzeuge aus dem Markt drängen. Boeing will erstmals in dieser Klasse ein Propfan-getriebenes Flugzeug anbieten und wirbt damit bei den Airlines. Der Propfan ist eine interessante und sparsame Antriebs-Variante, die bei Airbus Industrie nicht unbeobachtet bleibt, und es gibt auch hier genügend Studien für ein solches Flugzeug.

Nach der A320 sollen die A340 und die A330 kommen. Das als A340 projektierte Flugzeug, ein Langstreckenjet, soll mit 230–270 Passagieren 12 400 Kilometer weit fliegen können. Er wird den bewährten Großraumrumpf des Airbus, jedoch mit einem neuen Flügel und vier Triebwerken erhalten.

Die A330, mit dem gleichen Flügel, jedoch nur mit zwei Triebwerken ausgerüstet, wird als Kurz- und Mittelstrecken-Flugzeug bis zu 400 Passagiere etwa 5900 Kilometer weit bringen können.

Varianten dieses Programmes versprechen als zweimotorige Lösung sehr hohe Wirtschaftlichkeit.

Vorerst darf man in diesem Zusammenhang, wie auch für die Supersonic-Flugzeuge, getrost von Ideenspielen reden, die, wenn der Markt vorhanden wäre, realisiert werden könnten. Airbus Industrie ist heute ein Unternehmen, das auf dem Weltmarkt ernstgenommen wird.

# Neuartige Antriebe

Propeller an Luftfahrzeugen sollen den Vorteil einer 30prozentigen Kraftstoffeinsparung gegenüber strahlgetriebenen Flugzeugen bringen. Sie haben aber drei entscheidende Nachteile: Ihr Lärm läßt sich nicht ohne weiteres reduzieren, und es ist kaum möglich, damit genauso schnell wie mit einem Jet zu fliegen. An diesen Kriterien wird noch intensiv geforscht. Der Lärm ließe sich durch Dämmung und durch neue Propellerformen reduzieren. Mit der Übertragung großer Leistungen sieht es etwas schwieriger aus. Bei der sowjetischen Antonow AN-22

haben die Sowjets allerdings bewiesen, daß Leistungsklassen bis 15 000 Wellen-PS beherrschbar sind. Hauptkriterium ist dabei die Auslegung noch leistungsfähigerer Getriebe. Um mit einem propellergetriebenen Flugzeug schließlich in Bereichen von Mach 0,75 bis Mach 0,82 fliegen zu können, bedarf es vor allen Dingen auf dem Propellersektor ähnlicher Untersuchungen wie bei der Profilierung transsonischer Flügel.

Die Anordnung der in der Entwicklung befindlichen Triebwerke ist ein weiteres Problem, fordert sie doch zu weiteren Überlegungen strukturverstärkende und lärmreduzierende Maßnahmen. Interferenzen im Propellerbereich durch zu nahe Anordnung am Rumpf und Schallermüdungsprobleme schließen den Kreis der zu erwartenden Schwierigkeiten.

Eine der möglichen Lösungen zeigt die MBB-Studie für ein Propfan-getriebenes Luftfahrzeug in der Größenordnung eines 120-Sitzers. Eine weitere Lösungsmöglichkeit wäre eine ebenfalls unter MBB mit der MTU und der Lufthansa durchgeführten Studie mit einem »Ducted fan«. Der Ducted fan hat eine echte Ummantelung, einen kleineren Propeller-Kreisdurchmesser als der Unducted fan, also der Propfan, und er könnte mit dem gleichen Triebwerk ausgerüstet werden. Die Nachteile gegenüber dem Propfan in der Leistungsbilanz sind nur unwesentlich, dafür wäre aber vor allen Dingen das Hauptproblem Lärm gelöst. Unter diesem Aspekt könnte der Propfan sogar noch für einige Jahre auf Eis gelegt werden.

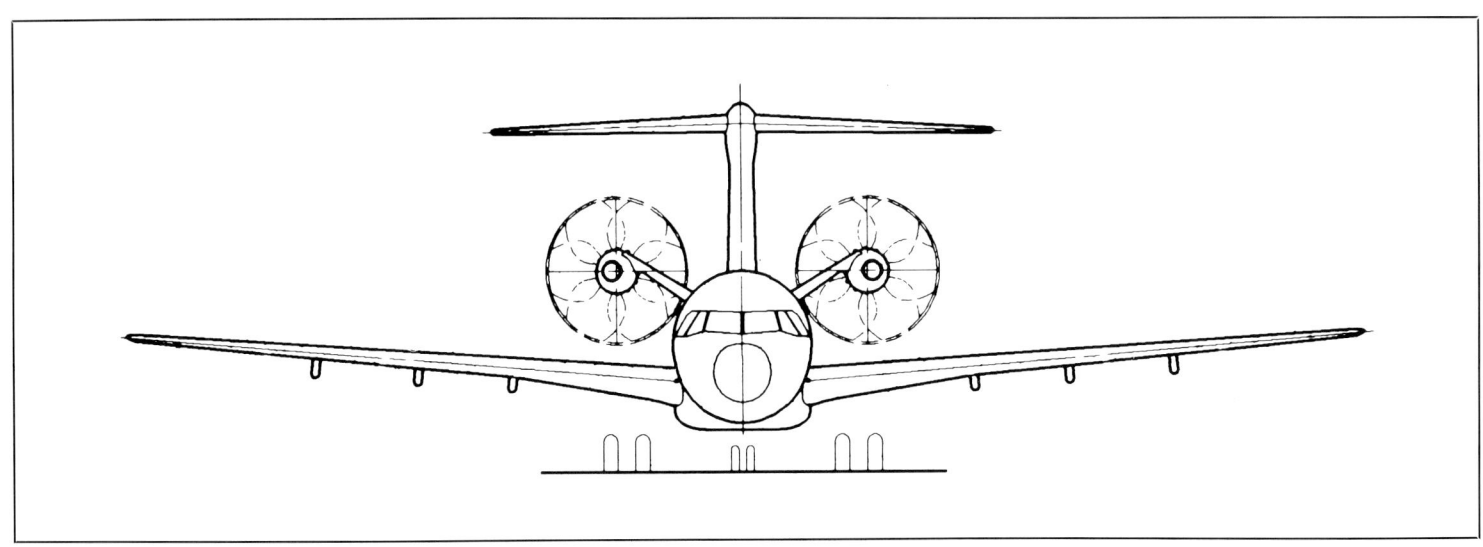

# Zukunftskonzepte

## DREISTRAHLIGE

Wenn es nach den Ingenieuren geht, dann wird es so bald keine Neukonstruktion von dreistrahligen Maschinen mehr geben. Boeing hat trotz seiner erfolgreichen 727 das Feld der Dreistrahligen verlassen. McDonnell Douglas plant eine verbesserte DC-10 als MD-11 herauszubringen.

Diese Frage, ob dreistrahlig oder nicht, ist leicht zu beantworten. Der ideale Platz, ein Triebwerk anzubauen, befindet sich unter der Tragfläche. Eine Triebwerksaufhängung im Leitwerksbereich ist meist problematisch. Nach heutigen Erkenntnissen, bei denen selbst feinste Leistungsunterschiede eine Rolle spielen, ist der Einbau eines dritten Triebwerks nicht von Vorteil. Zudem bieten die Triebwerkshersteller heute in fast allen gewünschten Leistungsklassen sehr zuverlässige Triebwerke an.

Dennoch beschäftigt man sich auch weiter mit dreistrahligen Antriebsmöglichkeiten.

## SUPERSONIC ODER HYPERSCHALL

Überschallverkehrsfliegerei ist eine sehr teure Sache. Außerdem konnte man bis heute das Problem des Überschallknalls nicht lösen. Überschallfliegerei ist deshalb nur über dem Wasser möglich.

Sollte in den nächsten zehn oder zwanzig Jahren ein neues Überschall-Verkehrsflugzeug gebaut werden, so müßte zuerst die Triebwerksfrage gelöst sein. Die Concorde wird von vier Rolls Royce/ SNECMA-Olympus 593 Mk 602-Triebwerken von je 17260 kp angetrieben. Der Durst dieser Triebwerke ist enorm, und so ist die Concorde auch nicht in der Lage, normale Langstrecken zu fliegen. Viele Passagiere klagen über die Enge in der Kabine, aber eine Vergrößerung eines solchen Rumpfes würde überproportional mehr Triebwerksleistung und letzten Endes auch wieder mehr Treibstoff fordern.

Daß Airbusse eines Tages mit Überschall fliegen, ist grundsätzlich wohl nicht auszuschließen, nur aus heutiger Sicht erscheint es unvorstellbar. Ein neu zu konzipierendes Überschall- oder auch ein Hyperschallflugzeug, von dem die Amerikaner träumen, kann nur unter strengsten wirtschaftlichen Gesichtspunkten in Angriff genommen werden. Der Überschallverkehrsfliegerei stehen andere inzwischen sehr wirtschaftliche Kommunikationssysteme gegenüber.

## AIRBUSSE MIT ENTENFLÜGELN?

Ob bei zukünftigen Verkehrsflugzeugen Entenflugzeug-Konzepte angewendet werden, ist noch sehr fraglich. Seit Ende der siebziger Jahre arbeiten die Airbus-Partnerfirmen an Entenkonfigurationen. Entenflugzeuge haben den grundsätzlichen Vorteil, daß sie mit weniger Flügelfläche als konventionelle Flugzeuge auskommen.

Bei einem konventionellen Flugzeug dient das Höhenleitwerk dazu, der am Flügel erzeugten Drehkraft entgegenzuwirken, und das geschieht durch eine abwärtsgerichtete Kraft des Höhenleitwerks. Bei einem Flugzeug mit Entenflügeln findet ein ausgeglichener Momentenhaushalt statt, weil der Entenflügel ebenfalls Auftrieb liefert und vor dem Hauptflügel liegt.

Die Forschung der Entenflugzeuge steht allerdings noch in ihren Anfängen, wenngleich schon die Gebrüder Wright mit einem Entenflugzeug geflogen sind. Genau wie beim Propfan wird der erste Einsatz der neuen Geschäftsreiseflugzeug-Generation mit Entenflügeln entscheidend mit dazu beitragen, wann ein Verkehrsflugzeug in Entenkonfiguration verwirklicht wird.

# Marketing

## MARKTANALYSEN BESTIMMEN DAS ENDPRODUKT

Die hohen Kosten für Entwicklung und Produktion von Verkehrsflugzeugen sowie der weite zeitliche Horizont dieser Investitionen machen sorgfältige Marktuntersuchungen vor dem Start eines Flugzeugprogramms zur Notwendigkeit.
Es wird heute damit gerechnet, daß von der ersten Idee bis zur Serienauslieferung zehn Jahre vergehen. Ein erfolgreiches Flugzeugmodell wird etwa 20 Jahre lang produziert. Da die Lebensdauer eines Flugzeuges auch etwa 20 Jahre beträgt, wird das letzte Flugzeug dieses Programms also 50 Jahre nach den ersten Ideen außer Dienst gestellt. Während des gesamten Flugzeuglebens muß ein Flugzeughersteller das im Einsatz befindliche Flugzeug weiterentwickeln, Sicherheitsänderungen vornehmen und Ersatzteile bereithalten. Da in diesem Zeitraum die bei modernen Verkehrsflugzeugen enormen Entwicklungs- und Serienanlaufkosten eingespielt werden müssen, ist die entscheidende Frage, ob die zu erwartende Stückzahl groß genug ist.

Marktanalysen zu erstellen, eine der Aufgaben der Marketing-Abteilung bei Airbus Industrie, ist daher unerläßlich. Das ständige Zusammenarbeiten mit den Airlines führt zu relativ überschaubaren Werten. Ist zum Beispiel ein Flugzeugtyp nach jahrelangem Einsatz zu ersetzen, so ist zuerst zu ermitteln, ob die insgesamt benötigte Stückzahl ausreichend für die Herstellung eines neuen Flugzeugtyps ist.

Alle am Luftverkehr partizipierenden Unternehmen prognostizieren mindestens eine Verdoppelung des Luftverkehrs zum Jahre 2000. Das Resultat sind höhere Stückzahlen und größere Flugzeuge. Airbus Industrie geht in seinen Voraussagen von einem Bedarf für 9100 Flugzeuge während der nächsten 20 Jahre aus. Dieser potentielle Markt hat einen Umfang aus heutiger Sicht von 470 Milliarden US-Dollar. Er kann in drei Bereiche aufgeteilt werden: 4150 Flugzeuge für 100- bis 180-sitzige Flugzeuge im Kurz- und Mittelstreckenbereich und 3650 Großraumflugzeuge mit über 200 Sitzen ebenfalls für Kurz- und Mittelstrecken. Auf dem Langstreckenmarkt kann mit 1300 Flugzeugen gerechnet werden. Darauf zielt die A340.

Airbus Industrie sieht ihre größten Erfolgschancen auf dem bisher schon erfolgreich belegten Sektor Großraumflugzeuge für kurze und mittlere Strecken. Für die Airbusse A310, A300-600 und A330 wird mit einem Marktanteil von 32 Prozent gerechnet. Für die Klasse der A320 geht Airbus Industrie von 24 Prozent und für die Langstrecke von 16 Prozent aus. Das diesen Prognosen zugrunde liegende Airbus-Familienkonzept erlaubt dabei jederzeit eine Anpassung der Produktion an die starken Marktschwankungen im Verkehrsflugzeugbau mit einer kurzfristigen Umstellung auf die jeweils stärker gefragten Modelle.

## AIRLINES ARBEITEN MIT

Marktanalysen sind eine Voraussetzung für Verkaufsstrategien. Das gilt auch für Flugzeuge. Das ständige Zusammenarbeiten mit den Airlines führt schnell zu relativ überschaubaren Werten.

Ist zum Beispiel ein Flugzeugtyp nach jahrelangem Einsatz zu ersetzen, so wird festgestellt, ob die insgesamt benötigte Stückzahl ausreichend für die Herstellung eines neuen Flugzeugtyps ist. Die direkten Kosten spielen bei den Airlines eine ganz entscheidende Rolle. So hat sich seit 1973 zum Beispiel der Treibstoffpreis anteilig von 11% der direkten Kosten auf 30% erhöht. Werden nun 1% der Treibstoffkosten durch Leistungsverbesserung eingespart, so lassen sich 0,6% der direkten Betriebskosten einsparen.

Die Senkung des Leergewichtes um nur 1% bringt eine weitere Senkung der direkten Betriebskosten um 0,4%. Lassen sich die Herstellungskosten eines Flugzeugs um 1% reduzieren, ist eine Einsparung der Betriebskosten von 0,25% mit einzurechnen.

Eine der entscheidenden Einsparungen aber lag bei der Umstellung vom 3-Mann-Cockpit auf das 2-Mann-Cockpit. Diese Einsparung brachte den Airlines 4,5% Reduzierung bei den direkten Kosten. Technische Merkmale bestimmen die direkten Betriebskosten, und diese sind wieder für den Flugzeughersteller von Bedeutung.

Die indirekten Betriebskosten, die sich aus dem Verwaltungsaufwand einschließlich der gesamten Infrastruktur der Airline ergeben und am Gesamtumsatz jedoch eine geringere Rolle spielen, sind für den Hersteller eines Flugzeuges nur von untergeordneter Bedeutung. Auf die direkten Kosten, die den Flugstundenpreis ausmachen, hat er jedoch einen entscheidenden Einfluß. Lassen sich nun die direkten Kosten durch konstruktive Maßnahmen herabsetzen, so kann der Hersteller der Airline ein wirtschaftlicheres Flugzeug anbieten. Diese Wirtschaftlichkeit muß aber auch über viele Jahre garantiert sein. In diesem Zusammenhang sind die Airlines bestrebt, eine gewisse Mitsprache beim Hersteller auszuüben. Sowohl die Swissair als auch die Lufthansa beeinflußten die Konstruktion entscheidend. Sie erhielten ihr gewünschtes Flugzeug. Das Zusammenwirken zweier Airlines wie Lufthansa und Swissair bei einem neuen Flugzeugtyp ist allerdings ungewöhnlich. Es kann aber entscheidend die daraus entstehende Typenreihe beeinflussen. Obwohl Lufthansa nicht Launching Customer (Erstbesteller) wurde, war mit Beginn der Definitionsphase der A320 ein reger Informationsaustausch eingeleitet worden.

Treffen die Prognosen der Marketing-Experten der IATA zu, so wird sich der Weltluftverkehr bis zum Jahr 2000 verzweifachen, was zu größeren und auch wirtschaftlicheren Stückzahlen im Flugzeugbau führen muß.

## DER KONKURRENZ EIN STÜCK VORAUS

Entwicklung und Serienbau von Flugzeugen der Größenordnung ab 100 Sitze kosten wegen der außerordentlichen Komplexität Milliarden von Dollars. Allein die Entwicklung des kleinen Airbusses A320 beläuft sich auf 1,8 Milliarden Dollar. Für einzelne europäische Unternehmen ist dies nicht mehr finanzierbar. Erst die wirtschaftliche Stärke durch die Zusammenfassung mehrerer Firmen, wie die in Airbus Industrie arbeitenden Partner Aerospatiale, British Aerospace, CASA und MBB (DA), macht die Durchführung solcher großen Programme möglich. Dies betrifft nicht nur die Frage der Finanzierung, sondern auch die des technischen Vermögens und die erreichbare Kundenbasis. Allein in

Deutschland gab es in den zwanziger Jahren 64 verschiedene Flugzeugfirmen. Die finanziellen und technischen Notwendigkeiten bewirkten, daß diese Unternehmen, soweit sie überlebten, stufenweise fusionierten, so daß heute neben Dornier und einigen Kleinflugzeugherstellern nur noch der größte deutsche Luftfahrtkonzern MBB geblieben ist.

Investitionen in Flugzeugprogramme bedeuten sowohl für Hersteller als auch für Betreiber eine hohe Kapitalbildung für einen langen Zeitraum. Für den Hersteller bedeutet das, daß die hohen Entwicklungs- und Serienanlaufkosten durch eine entsprechende Stückzahl wieder eingespielt werden müssen. Nur bei einem erfolgreichen Flugzeugprogramm ist dies möglich. Ein erfolgreiches Flugzeug ist etwa 20 Jahre auf dem Markt. Auch für die Luftfahrtgesellschaften ist die richtige Flottenpolitik oft entscheidend: Kapitalkosten, Treibstoffkosten und Wartungskosten sind hauptsächliche Kostenelemente. Vorteile eines Flugzeugtyps etwa beim Treibstoffverbrauch sind

oft Voraussetzung für positive Ergebnisse der Luftverkehrsgesellschaften.

Nur der Flugzeugbauer wird daher den Markt überleben, der auf die Dauer Flugzeuge anbietet, die der Konkurrenz mindestens kostenmäßig ebenbürtig sind und außerdem den Bedürfnissen der Luftverkehrsgesellschaften im Hinblick auf die Reichweite und Passagierkapazität optimal entsprechen. Folge ist, daß die Hersteller gezwungen sind, ihre Produkte ständig, entsprechend dem neuesten Stand der Technik, zu verbessern, um möglichst immer der Konkurrenz ein wenig voraus zu sein und außerdem eine möglichst breite Palette, also eine ganze Flugzeugfamilie, anzubieten.

# Dreiseitenansicht A 300-600

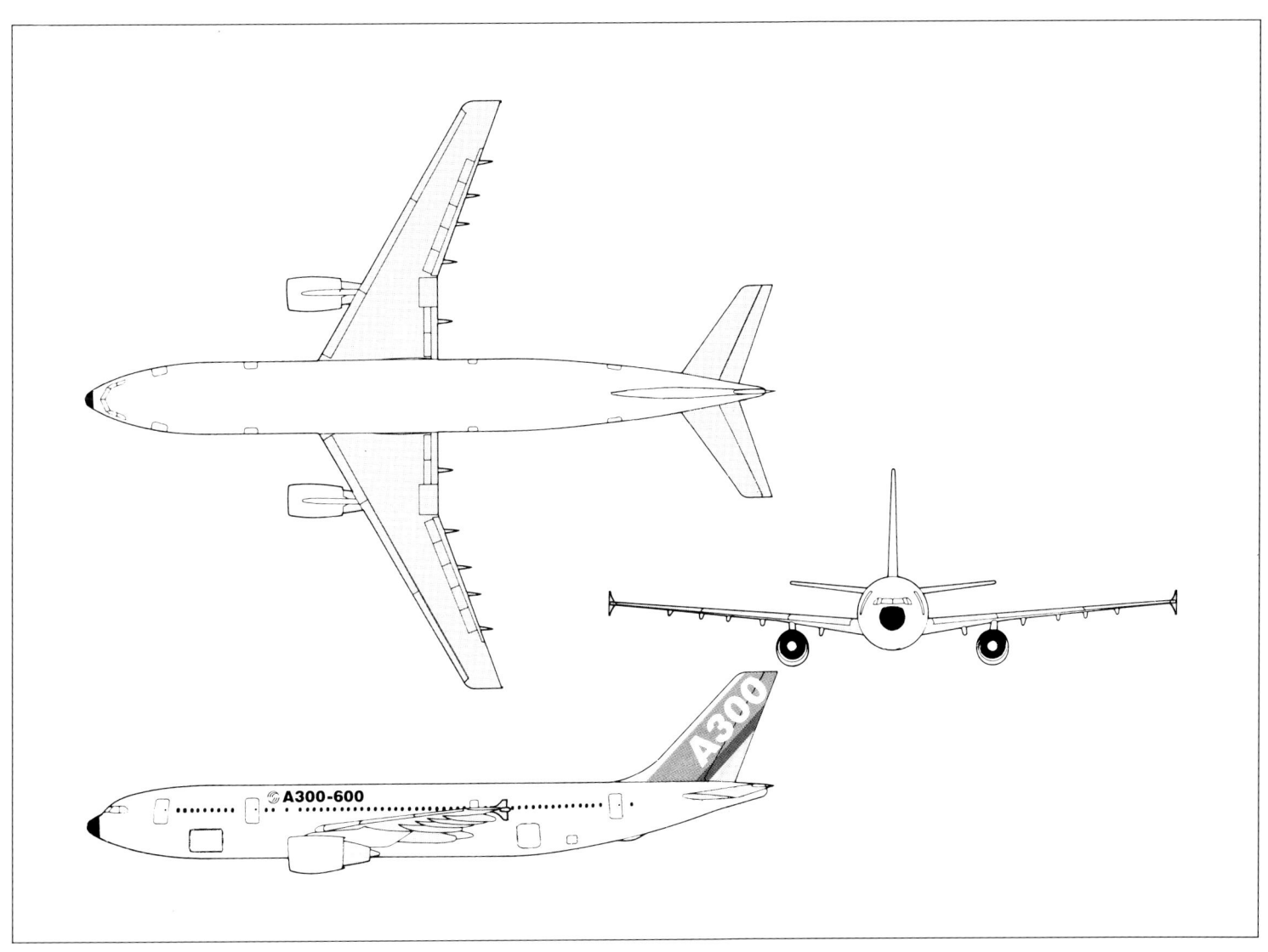

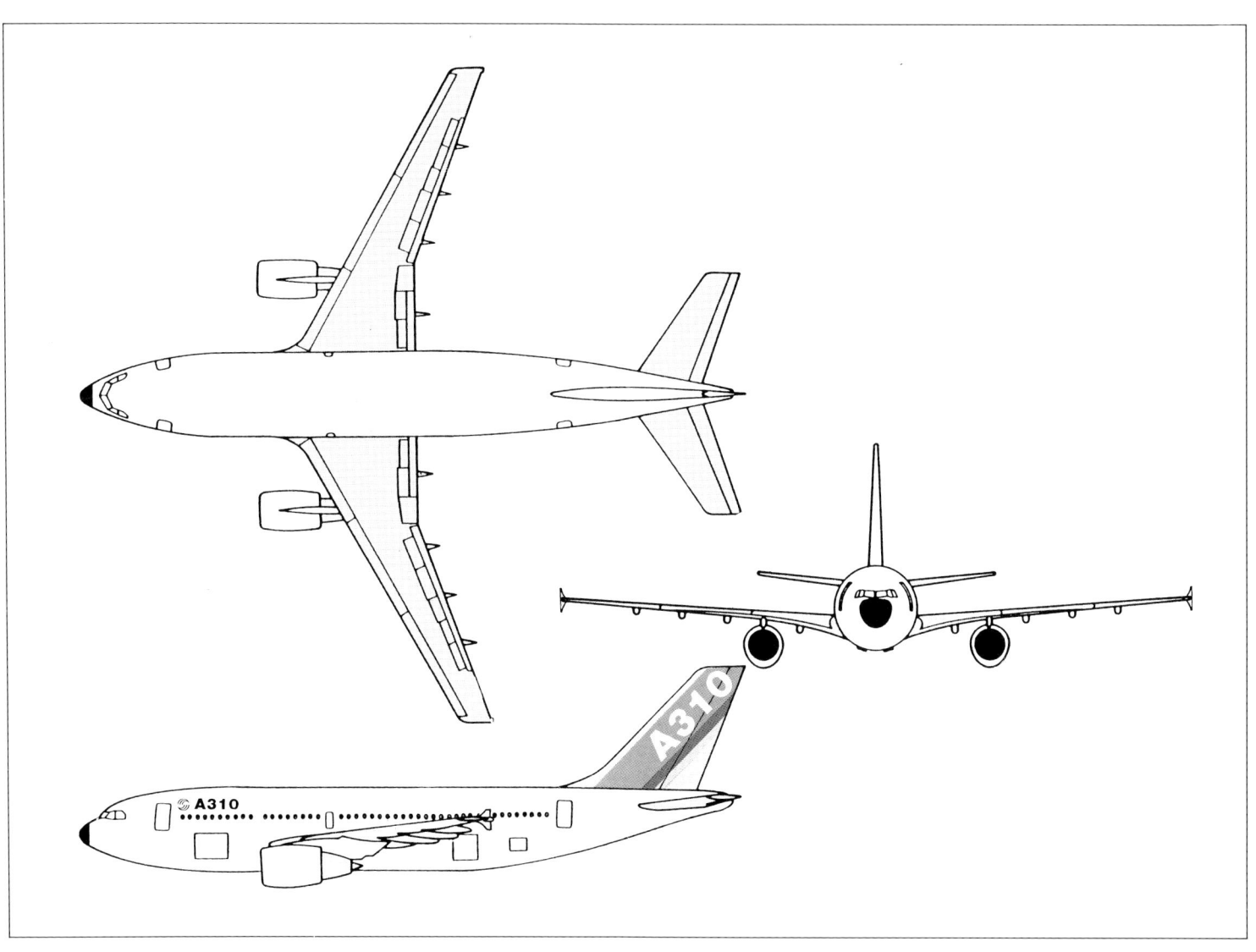

# Dreiseitenansicht A 320

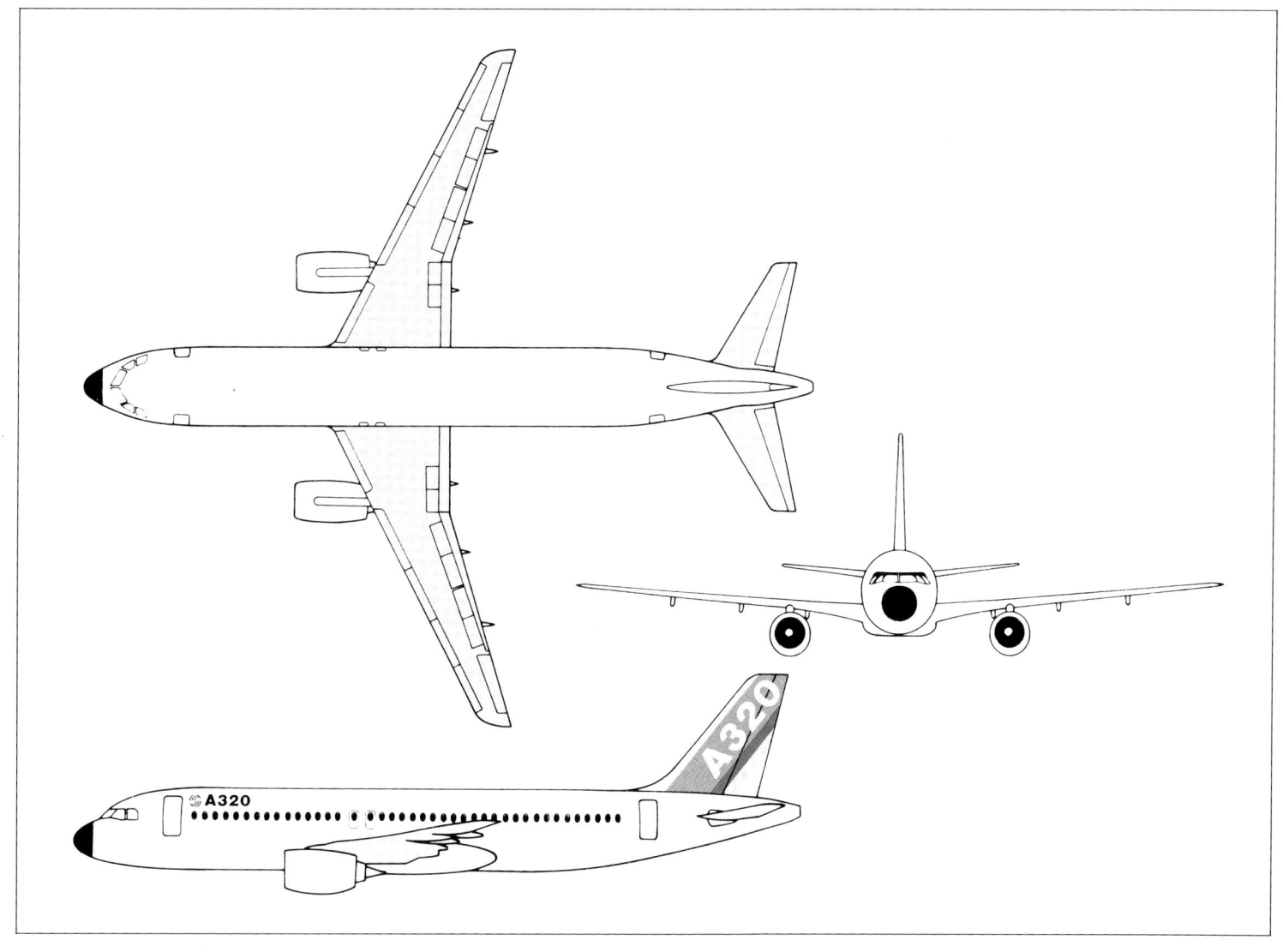

# Dreiseitenansicht A 330

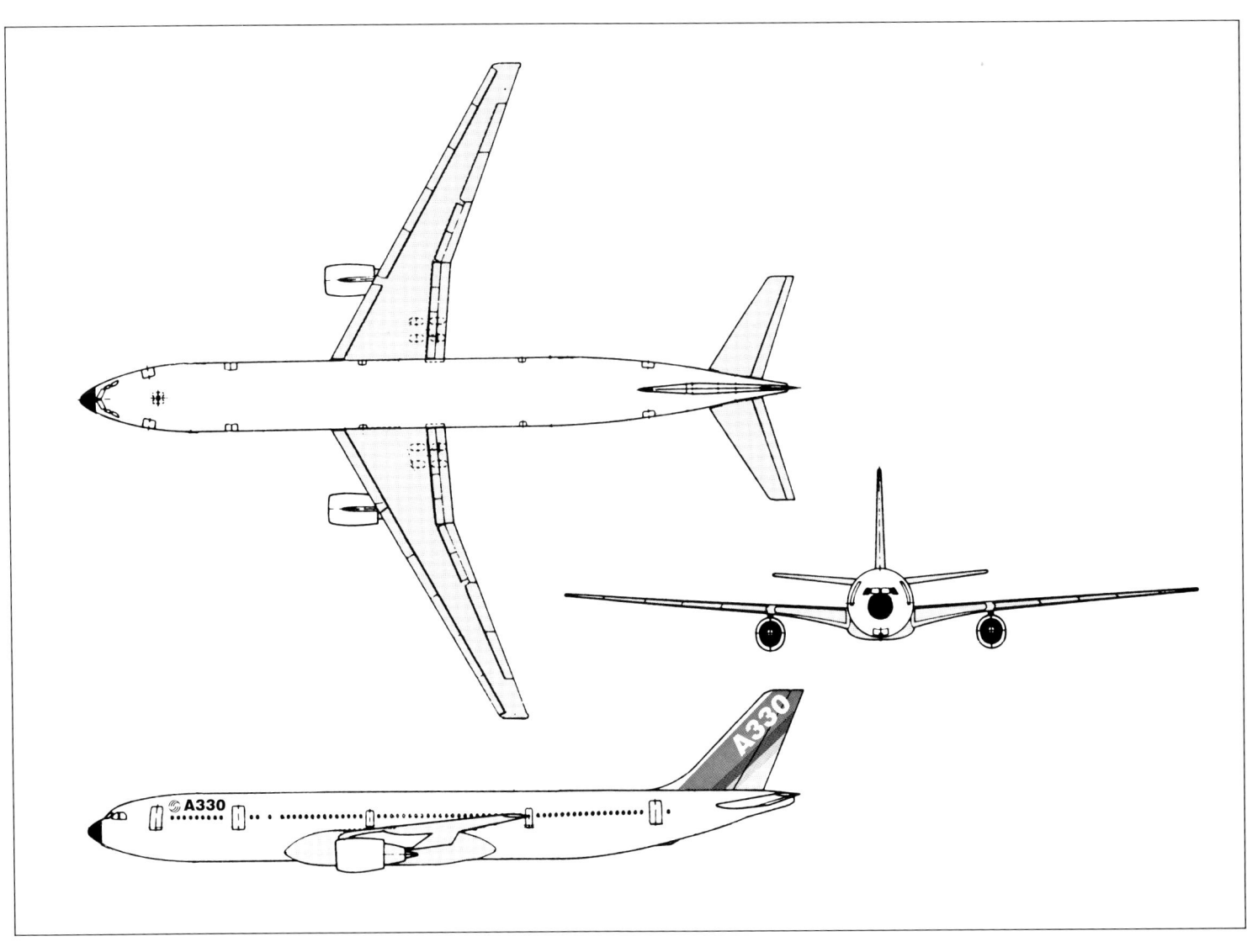

# Dreiseitenansicht A 340

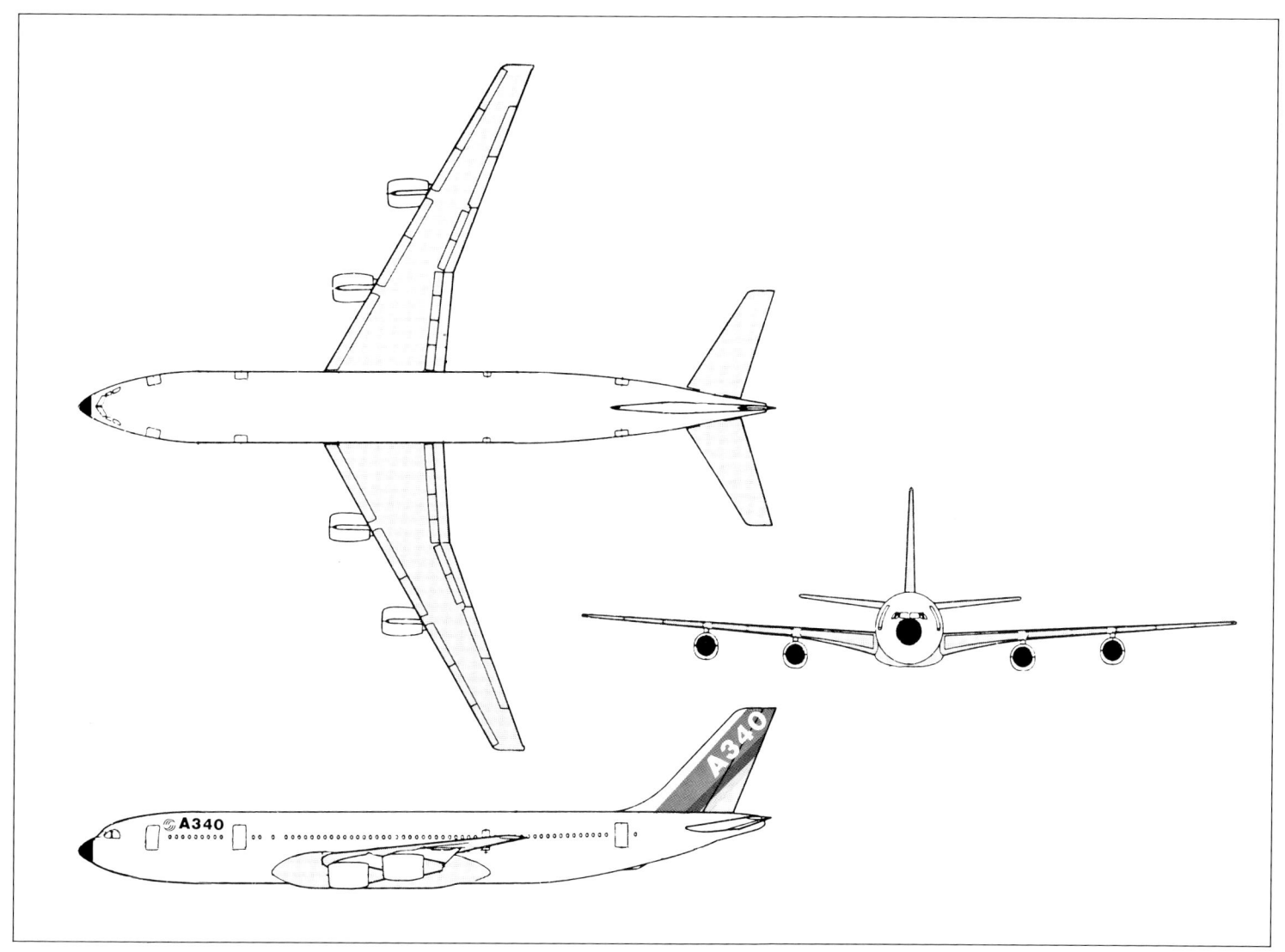

| | | A300B2-200 | A300B4-100 | A300B4-200 | A300-600 | A300-C4 |
|---|---|---|---|---|---|---|
| **Triebwerke** | | | | | | |
| General Electric | | 2 CF6-50C | 2 CF6-50C2 oder | 2 CF6-50C2 oder | 2 CF6-80C2 oder | 2 CF6-50C2 |
| Pratt & Whitney | | | 2 JT9D-59A | 2 JT9D-59A | 2 JT9D-7RH4 oder 2 PW 4000 | |
| Startschub | to | 2 × 23,5 | 2 × 23,5 | 2 × 23,5 | 2 × 25,0 | 2 × 23,5 |
| Passagiersitze | | 251 | 251 | 251 | 267 | — |
| Cockpit-Besatzung | | 3 | 3 | 3 | 2 | 3 |
| **Maße und Gewichte** | | | | | | |
| Flügelfläche | m² | 260 | 260 | 260 | 260 | 260 |
| Spannweite | m | 44,84 | 44,84 | 44,84 | 44,84 | 44,84 |
| Streckung | | 7,73 | 7,73 | 7,73 | 7,73 | 7,73 |
| Länge | m | 53,62 | 53,62 | 53,62 | 54,08 | 53,62 |
| Höhe | m | 16,53 | 16,53 | 16,53 | 16,53 | 16,53 |
| Rumpfdurchmesser | m | 5,64 | 5,64 | 5,64 | 5,64 | 5,64 |
| Kabinenbreite | m | 5,28 | 5,28 | 5,28 | 5,28 | 5,28 |
| **Frachtraum** | | | | | | |
| vorne | m³ | 75,1 | 75,1 | 75,1 | 75,1 | 75,1 |
| hinten | m³ | 48,8 | 48,8 | 48,8 | 63,4 | 46,8 |
| Bulk | m³ | 16,0 | 16,0 | 16,0 | 17,3 | 16,0 |
| Leergewicht | kg | 87 350 | 88 150 | 88 500 | 88 700 | 83 600 |
| Abfluggewicht | kg | 142 000 | 157 500 | 165 000 | 165 000 | 165 000 |
| max. Landegewicht | kg | 130 000 | 134 000 | 136 000 | 138 000 | 136 000 |
| Nutzlast | kg | 33 150 | 37 850 | 37 500 | 41 400 | 42 100 |
| Frachtzuladung | kg | 30 000 | 30 000 | 30 000 | 34 100 | 30 000 |
| Kraftstoff-Kapazität | l | 44 000 | 62 000 | 62 000 | 60 900 | 62 900 |
| **Flugleistungen** | | | | | | |
| Reisegeschwindigkeit | km/h | 845 | 850 | 855 | 845 | 855 |
| Startgeschwindigkeit | km/h | 275 | 300 | 305 | 290 | 305 |
| Startstrecke | m | 1675 | 2225 | 2850 | 2195 | 2850 |
| Landegeschwindigkeit | km/h | 255 | 255 | 255 | 255 | 255 |
| Landestrecke | m | 1635 | 1635 | 1635 | 1530 | 1635 |
| Reichweite mit voller Kabine | km | 3700 | 5300 | 5900 | 6800 | 5900 |
| max. Dienstgipfelhöhe | m | 12 200 | 12 200 | 12 200 | 12 200 | 12 200 |

Anmerkung: Die in der Tabelle aufgeführten Werte für Passagierzahl, Gewichte und Leistungen sind Mittelwerte. Sie können sich von Airline zu Airline leicht verschieben. Dies gilt besonders für die Bestuhlung. Start- und Landestrecken sowie Reichweiteangaben entsprechen FAR-Richtlinien unter ISA-Bedingungen. Die Typen A330 und A340 sind noch nicht näher definiert.

| A300-600C | A310-200 | A310-300 | A310-200C | A320 | A330 | A340 |
|---|---|---|---|---|---|---|
| 2 CF6-80C2<br><br>oder<br>2 JT9D-7RH4<br>oder<br>2 PW 4000<br>2 × 25,0<br><br>–<br>2 | 2 CF6-80A<br>oder<br>2 CF6-80C2<br>oder<br>2 JT9D-7R4<br>oder<br>2 PW 4000<br>2 × 21,5 bis<br>2 × 2 × 22,0<br>218<br>2 | 2 CF8-80C2<br>oder<br><br>2 JT9D-7R4E<br>oder<br>2 PW 4000<br>2 × 22,0<br><br>218<br>2 | 2 CF6-80A<br>oder<br>2 CF6-80C<br>oder<br>2 JT9D-7R4<br>oder<br>2 PW 4000<br>2 × 21,5 bis<br>2 × 22,0<br>–<br>2 | 2 CFM56-5<br>oder<br>2 V2500<br><br><br><br><br>2 × 10,0 bis<br>2 × 17,0<br>150<br>2 | 2 CF6-80C2<br>oder<br>2 PW-4000<br><br><br><br><br><br><br>310<br>2 | 4 CFM56-5<br>oder<br>4 V2500<br><br><br><br><br><br><br>260<br>2 |
| 260<br>44,84<br>7,73<br>54,08<br>16,53<br>5,64<br>5,28 | 219<br>43,9<br>8,8<br>46,66<br>15,80<br>5,64<br>5,28 | 219<br>43,9<br>8,8<br>46,66<br>15,80<br>5,64<br>5,28 | 219<br>43,9<br>8,8<br>46,66<br>15,80<br>5,64<br>5,28 | 122<br>33,91<br>9,39<br>37,57<br>11,76<br>3,95<br>3,64 | 315<br>54,7<br>19<br>59,4<br>16,78<br>5,64<br>5,28 | 315<br>54,7<br>19<br>59,4<br>16,78<br>5,64<br>5,28 |
| 75,1<br>63,4<br>17,3<br>82 300<br>165 000<br>138 000<br>47 700<br>34 100<br>62 900 | 50,3<br>34,5<br>17,3<br>87 500<br>142 000<br>121 500<br>33 400<br>25 000<br>54 900 | 50,3<br>34,5<br>17,3<br>78 800<br>150 000<br>123 500<br>33 400<br>25 000<br>61 100 | 50,3<br>34,5<br>17,3<br>73 700<br>138 600<br>121 500<br>37 800<br>25 000<br>54 900 | 13,87<br>26,16<br>–<br>37 600<br>72 000<br>63 100<br>20 900<br>9450<br>23 950 | –<br>–<br>–<br>–<br>–<br>192 000<br>–<br>–<br>– | –<br>–<br>–<br>–<br>–<br>225 000<br>–<br>–<br>– |
| 845<br>240<br>2195<br>255<br>1530<br>6800<br>12 200 | 860<br>260<br>1675<br>250<br>1480<br>7400<br>12 500 | 860<br>275<br>2395<br>250<br>1555<br>8500<br>12 500 | 860<br>260<br>1675<br>250<br>1480<br>7000<br>12 500 | 840<br>240<br>1715<br>240<br>1450<br>5900<br>12 500 | –<br>–<br>–<br>–<br>–<br>9000<br>– | –<br>–<br>–<br>–<br>–<br>12 400<br>– |

# Bildhinweise

**Fotos:**

Alle Fotos stammen, wenn nicht anders angegeben, von Dietmar Plath.

**Weitere Fotos:**

Airbus Industrie:
11, 23, 27, 35, 37, 38, 39, 48, 74, 75, 79, 91, 99, 106, 124, 127, 129, 130, 133, 145, 146, 147, 155, 180 unten.
Bodenseewerk: 84
British Aerospace: 59, 69, 78, 90, 102, 103
Deutsche Airbus: 9, 10
Dornier: 87
Fokker: 86
General Electric: 80
IABG: 20
Günter Kusch: 51, 66, 157
Liebherr: 83
Lufthansa: 141
MBB: 19, 55, 57, 77
MTU: 53, 82, 95, 108
Pratt & Whitney: 81
Pilatus: 88
Holger Schmelzer: 61
VDO: 85

**Zeichnungen, Skizzen:**

Airbus Industrie: 40, 96, 126, 200, 201, 202, 203
MBB: 194
MTU: 160

# Luftfahrtgeschichte im Detail

336 Seiten,
388 Abbildungen,
überwiegend in Farbe,
Großformat,
gebunden, DM 69,–

232 Seiten,
200 Abbildungen,
gebunden, DM 56,–

240 Seiten,
300 Abbildungen,
60 Text-Faksimiles,
gebunden, DM 45,–

216 Seiten,
160 Abbildungen,
gebunden, DM 39,–

120 Seiten,
60 Abbildungen,
gebunden, DM 59,–

### Die Flugzeuge der deutschen Lufthansa – 1926 bis heute
**Von Erich H. Heimann**

Anhand zahlreicher Abbildungen der erste lückenlose Überblick über die Flotte der alten wie auch der neuen Lufthansa. Mit vielen Typen sind aufsehenerregende Pionierleistungen im Luftverkehr verbunden.

### Das Luftschiff
**Von Fred Gütschow**

Die Luftschiffahrt erlebte ihre Blütezeit mit den deutschen Zeppelinen, die 1936 mit dem Unglück von Lakehurst endete. Fred Gütschow dokumentiert hier Entwicklung, Technik, Einsatz und Zukunft des Luftschiffes. Viele bisher unveröffentlichte Fotos ergänzen diese Chronik des Luftschiffbaus.

### Großflugschiff Dornier Do X
**Bilddokumentation des ersten Großraumflugzeuges der Welt**
**Von Peter Pletschacher**

Das ist die erste vollständige, fesselnde Geschichte über das zwölfmotorige Flugschiff Dornier Do X. Mit 48 Meter Spannweite, 40 Meter Länge und 10 Meter Höhe war es damals das größte Flugzeug der Welt.

### Die schnellsten Flugzeuge der Welt – 1906 bis heute
**Von Erich H. Heimann**

Erich H. Heimann, Autor erfolgreicher Luftfahrtbücher, stellt hier die Rekordträger von gestern und heute anschaulich in Wort und Bild vor. Mit allen dazugehörigen technischen Daten und einem Dreiseitenriß zu jeder Maschine.

### Transall – Engel der Lüfte
**Von Walter/Plath**

Überall, wo in den letzten Jahren humanitäre Hilfe gebraucht wurde, war die Transall C 160 zur Stelle. Dietmar Plath hat das Militärflugzeug im Dienste der Menschlichkeit begleitet und hervorragende Bilder gemacht; Horst Walter schrieb den informativen Text.

**Der Verlag für Luftfahrtbücher**
Postfach 10 37 43 · 7000 Stuttgart 1

Änderungen vorbehalten

# Faszination Fliegen

*Wer sich für Luft- und Raumfahrt interessiert und dazu noch aktuell und lückenlos informiert sein will, findet in der FLUG REVUE die richtige Zeitschrift für ein faszinierendes Thema.*

*Die FLUG REVUE berichtet über alles Wissenswerte aus den Bereichen Zivil-und Militärluftfahrt, Geschäfts- und Privatfliegerei, Raumfahrt, Forschung, Technik, Entwicklung und Historie.*

*Die FLUG REVUE – Deutschlands größte Zeitschrift für Luft- und Raumfahrt. Jeden Monat neu.*

## FLUG REVUE
### flugwelt International

## Überall im Zeitschriftenhandel erhältlich